U0229406

数字孪生在智慧城市及景观规划设计中的应用

魏　真　吴婉静　琚明海　著

上海科学技术出版社

图书在版编目（CIP）数据

数字孪生在智慧城市及景观规划设计中的应用 / 魏真，吴婉静，琚明海著. -- 上海 ：上海科学技术出版社，2025. 1. -- ISBN 978-7-5478-6925-3

Ⅰ. TU984-39

中国国家版本馆CIP数据核字第2024CD8774号

数字孪生在智慧城市及景观规划设计中的应用

魏　真　吴婉静　琚明海　著

上海世纪出版(集团)有限公司　出版、发行
上 海 科 学 技 术 出 版 社

(上海市闵行区号景路 159 弄 A 座 9F－10F)
邮政编码 201101　　www. sstp. cn
上海锦佳印刷有限公司印刷
开本 890×1240　1/32　印张 6.25
字数：192 千字
2025 年 1 月第 1 版　2025 年 1 月第 1 次印刷
ISBN 978－7－5478－6925－3/TU・362
定价：72.00 元

序 1

探索未来城市的智慧之钥

——数字孪生在智慧城市与景观规划中的创新应用

　　随着信息技术的飞速发展,我们正站在一个前所未有的时代交汇点上,智慧城市的蓝图正逐步从概念走向现实。在这一进程中,数字孪生技术如同一把钥匙,打开了通往未来城市智慧化的大门。在此背景下,《数字孪生在智慧城市及景观规划设计中的应用》一书的问世,无疑是对这一领域理论与实践探索的一次深刻提炼与前瞻展望。

　　本书不仅仅是一部技术指南,更是一次关于如何利用数字孪生技术重塑城市空间、提升城市管理效能、促进人与自然和谐共生的深度思考。数字孪生,作为连接物理世界与数字世界的桥梁,其核心价值在于能够以前所未有的精度和效率,模拟、预测和优化城市运行的每一个细节。通过构建与现实世界高度一致的虚拟模型,数字孪生为城市规划者提供了前所未有的工具来优化设计和管理。

　　在智慧城市建设中,数字孪生技术为城市规划者提供了一个强大的工具,使他们能够在虚拟环境中测试各种设计方案,从而在实际建设前评估并选择最佳方案。这种动态模拟的能力让规划者能够灵活调整交通网络、绿地布局等元素,确保最终设计既美观又实用。此外,数字孪生还为市民提供了一个互动平台,让他们能够参与到城市规划过程中,通过模拟不同场景下的生活体验,收集反馈并据此调整规划细节,使最终方案更贴近民众需求。

　　本书通过丰富的案例分析,生动展现了数字孪生技术在智慧城市及景观规划设计中的广泛应用与显著成效,也揭示了它在增进社会福祉方面的巨大潜力。它不仅阐述了技术原理与实施路径,更重要的是,它激发了我们对于如何利用这一技术创造更加智慧、绿色、宜居城市的无限遐想。

　　本书不仅是专业人士不可或缺的参考读物,也是所有对未来充满好奇之心的人士不可多得的知识宝库。它不仅是一本技术书籍,更是一份关于未来城市愿景的宣言,鼓励我们不断探索、创新,共同绘制出属于人类的美好未来。

　　在此,我愿意推荐《数字孪生在智慧城市及景观规划设计中的应用》一书,相信它将成为每一位城市规划者、设计师以及相关领域研究者的必备参考,共同推动智慧城市与景观规划设计迈向更加辉煌的明天。

霍佳震　同济大学经济与管理学院原院长、教授、博士生导师

序 2

智慧生活的未来图景

——数字孪生是智慧城市的未来驱动力

在科技日新月异的今天,智慧城市正逐步成为我们生活的一部分,它不仅重塑了城市的运行方式,更深刻地影响着我们的日常生活。数字孪生技术,作为智慧城市的核心驱动力之一,正以其独特的魅力,引领着城市生活的全面升级。本书《数字孪生在智慧城市及景观规划设计中的应用》的出版,无疑为我们深入理解这一前沿技术及其应用提供了宝贵的指南。

数字孪生技术是一种通过创建物理世界的虚拟镜像,实现对物理世界的精准刻画、全息感知、仿真模拟和实时操控的技术。从智慧城市生活的角度来看,数字孪生技术为城市管理者提供了前所未有的洞察力与决策支持。通过构建城市的数字镜像,我们可以实时监测交通流量、空气质量、能源消耗等关键指标,实现城市运行状态的精准感知与智能调控。这不仅提升了城市管理的效率与精准度,更让居民享受到了更加安全、便捷、绿色的生活环境。在景观规划设计中,数字孪生技术的应用更是让城市空间焕发出新的活力,通过虚拟与现实的无缝对接,我们得以创造出既美观又实用的公共空间,让城市成为居民心中真正的家园。

本书详细介绍了数字孪生技术在智慧城市及景观规划设计中的应用,从理论基础到实践案例,全面而深入地探讨了这一技术的各个方面。书中不仅涵盖了数字孪生的基本概念、技术原理和实现方法,还通过丰富的实例展示了数字孪生在展示了数字孪生技术在生态人文景观、历史文化古城保护及现代城市景观规划等领域的应用成果和前景,展示了这一技术在提升城市生活品质、推动服务创新方面的广泛应用与显著成效。它不仅仅是一部技术书籍，更是一次关于如何利用数字孪生技术创造更加智慧、便捷、安全城市生活的深度思考与实践探索。

每一位致力于智慧城市发展的专业人士，都能从这本书中获得宝贵的启示与灵感。它将成为我们共同探索未来城市生活的宝贵资源，引领我们迈向更加智慧、繁荣的未来。

《数字孪生在智慧城市及景观规划设计中的应用》将为每一位读者带来全新的视角与深刻的洞见，共同推动智慧城市的蓬勃发展。

杨楠

杨　楠　吉林财经大学副校长

序 3

智慧城市生活的革新篇章

——数字孪生技术的深度应用与影响

在科技引领的浪潮中，智慧城市正以前所未有的速度改变着我们的生活。数字孪生技术，作为这一变革中的重要推手，正以其独特的魅力与潜力，在智慧城市生活领域掀起了一场深刻的革命。《数字孪生在智慧城市及景观规划设计中的应用》一书，正是对这一前沿技术深度应用与广泛影响的全面解读与深刻洞察。

从智慧城市的维度来看，数字孪生技术通过创建一个与现实世界高度相似的虚拟模型，实现了城市运行状态的精准映射。这不仅仅是一种技术上的创新，更是在城市管理和服务提供方面的一次飞跃。利用传感器网络、大数据分析以及云计算等技术，数字孪生使得城市管理者能够实时监控并优化交通流量、能源消耗、环境质量等多个关键领域。这种由数据驱动的城市治理模式，不仅提高了公共服务效率，还增强了居民的安全感和满意度。

本书不仅详细阐述了数字孪生技术在智慧城市及景观规划设计中的理论基础与技术原理，更通过丰富的实践案例，展示了这一技术在提升城市生活品质方面的广泛应用与显著成效。

我深信，每一位致力于智慧城市领域发展的专业人士，都能从这本书中获得宝贵的启示与灵感。它将成为我们共同探索未来城市生活的宝贵资源，引领我们迈向更加智慧、繁荣的未来。

　　我相信本书定将为智慧城市的建设起到推动作用，并开启智慧生活的新篇章。

周　箴　同济大学原常务副校长

前　言

　　随着智能技术的发展,智慧城市和智慧景观构建已成为城市发展的新趋势。与传统规划设计手段相比,数字孪生技术通过构建城市或景观的虚拟镜像,实现对物理世界的全面感知、动态监测、精准映射与智能决策,在此基础上实时反映城市运行状态,预测未来趋势,为城市规划、建设与管理提供科学依据,提高城市规划决策的准确性和效率。为建设智慧城市,设计人员、企业与相关决策者应及时关注数字孪生技术的发展动态,积极引入数字孪生技术,创建智慧城市发展新契机。

　　智慧城市的发展历程可以追溯到 20 世纪 90 年代,当时全球各地开始重视信息化基础设施建设,为智慧城市建设的兴起积蓄力量。在这个阶段,上海提出了建设上海信息港的愿景,而西班牙的巴塞罗那在举办 1992 年奥运会后全面推进当地基础设施的升级。

　　进入 21 世纪,随着技术的不断发展,智慧城市的概念逐渐形成并受到广泛关注。2008 年 IBM 公司提出"智慧地球"这一概念,并于 2010 年提出"智慧地球"愿景。在我国,国家"十二五"规划提出"加快建设宽带、融合、安全、泛在的下一代国家信息基础设施,推动信息化和工业化深度融合";《工业转型升级规划(2011—2015 年)》提出推进物联网在智慧城市中的应用;北京、上海等城市也探索建立了智慧城市核心平台体系。

　　在这个阶段,智慧城市的建设开始大规模开展。2012 年住房城乡建设部出台了《国家智慧城市试点暂行管理办法》,并分批部署了 290 个智慧城市试点。2016 年,"新型智慧城市"概念的提出意味着我国智慧城市发展进入数字科技驱动的新发展阶段。新型智慧城市是现代城市发展的高端新形态,其中"新"主要体现在新的应用技术、新的服务模式和新的业态场景等方面。

目前,我国智慧城市发展已经进入以数据驱动为核心、以人为本、统筹集约、协同创新的新型智慧城市发展阶段。在这个阶段,智慧城市建设注重跨部门、跨领域、跨区域的协同创新,推动城市治理体系和治理能力现代化。同时,智慧城市建设也开始关注人民群众的需求,注重提高城市居民的获得感、幸福感和安全感。

总的来说,智慧城市的发展历程是一个不断探索和创新的过程。未来,随着技术的不断进步和应用场景的不断拓展,智慧城市将会迎来更加广阔的发展空间和更加深入的应用前景。

随着物联网、人工智能等新技术的不断发展,智慧景观的概念逐渐形成并受到广泛关注。智慧景观是指运用新一代信息技术对景观进行智能化设计、管理和服务的景观,它注重数据驱动、智能化管理和跨领域合作。智慧景观的发展目标是实现人与自然和谐共生,提高城市居民的生活质量和幸福感。

在智慧景观的发展历程中,有几个重要的里程碑。首先是数字景观的兴起,它为智慧景观的发展奠定了基础。数字景观是运用数字技术对景观进行设计和管理的过程,它最初起源于计算机辅助设计(CAD)在景观设计领域的应用。随着计算机技术的不断发展,数字景观逐渐成为景观设计的重要手段,通过数字模型和虚拟现实技术,可以实现更加精细化、智能化的设计和管理。其次是智慧城市概念的提出,推动了智慧景观的发展。随着技术的不断进步和应用场景的不断拓展,智慧景观的应用范围和深度也在不断扩大。

目前,智慧景观已经在国内外许多城市得到了广泛应用,包括纽约、伦敦、上海、北京等。智慧景观的应用领域也非常广泛,包括公园、广场、街道、住宅区等。同时,智慧景观的发展也催生了一系列新的产业和服务模式,为城市经济发展提供了新的动力。

未来,随着技术的不断进步和应用场景的不断拓展,智慧景观将会迎来更加广阔的发展空间和更加深入的应用前景。同时,智慧景观的发展也需要跨学科的合作和创新,包括计算机技术、数据科学、环境科学、社会学等,以推动智慧景观的可持续发展。

数字孪生景观设计是一种前沿的、创新的景观设计方法,它利用数字孪生技术对现实世界进行虚拟映射,通过数据采集、分析和模拟,实现景观的数字化设计和智能化管理。

数字孪生技术是近年来快速发展的新兴技术,被广泛应用于工业、城市等领域。在景观设计领域,数字孪生技术的应用还处于探索阶段,但已成为未来景观设计的重要方向之一。数字孪生景观设计需要整合多学科知识,包括景观设计、计算机技术、数据科学等。这种跨学科的应用需要设计师具备创新思维和跨界整合的能力,能够将不同领域的知识进行融合。数字孪生技术为景观设计提供了全新的视角和思维方式,使得设计师可以在虚拟环境中进行更加精细化、智能化的设计,提高设计的效率和品质。

本书通过介绍智慧城市与智慧景观发展背景,阐述数字孪生相关理论概念及技术体系,表明了当前数字孪生技术在智慧城市中的发展趋势与应用前景,并通过解析数字孪生的生态人文类智慧景观规划设计及应用案例、数字孪生的历史文化遗产智慧景观规划设计及应用案例、数字孪生的城市景观规划设计及应用案例,总结出数字孪生智慧景观的发展方向与未来展望。数字孪生智慧景观能够创新城市管理方式、提升城市生活品质、促进城市经济发展、推动城市可持续发展,是推动城市发展的重要力量,有助于提升城市管理效率、生活品质和经济发展水平。本书可为数字孪生平台设计、智慧城市与智慧景观搭建等领域的技术人员、科研工作者和项目申报者、审批者和投资人提供参考,也可作为高等院校城市规划与设计等相关专业学生专业教材使用。

作者

目　录

第**1**章 ─

数字时代景观规划设计步入全新阶段

1.1 智慧城市与智慧景观规划设计发展背景

1.1.1 时代背景

1) 顶层设计要求稳步推进智慧城市建设

《中华人民共和国国民经济和社会发展第十四个五年规划和 2035 年远景目标纲要》(简称"十四五"规划)指出要"加快数字化发展,建设数字中国",提出"以数字化助推城乡发展和治理模式创新"。为迎接数字时代,顶层设计要求激活数据要素潜能,推进网络强国建设,加快建设数字经济、数字社会、数字政府,并以数字化转型整体驱动生产方式、生活方式和治理方式变革。在打造数字经济新优势方面,应充分发挥海量数据和丰富应用场景优势,促进数字技术与实体经济深度融合,赋能传统产业转型升级,催生新产业新业态新模式,壮大经济发展新引擎。应加强关键数字技术创新应用,加快推动数字产业化,推进产业数字化转型。在加快数字社会建设步伐方面,要适应数字技术全面融入社会交往和日常生活新趋势,促进公共服务和社会运行方式创新,构筑全民畅享的数字生活。要提供智慧便捷的公共服务,建设智慧城市和数字乡村,构筑美好数字生活新图景。

基于顶层设计的要求,景观规划设计继续进行数字化、智能化转型。国家战略层面相关政策文件有党的二十大报告,国家"十四五"规划,《国务院关于积极推进"互联网+"行动的指导意见》以及《"十四五"新型城镇化实施方案》等。总体规划层面相关政策文件有《关于促进智慧城市健康发展的指导意见》《智慧城市顶层设计指南》《新型智慧城市评价指标（2016年）》等。数据技术基础设施相关政策文件有《智慧城市时空大数据与云平台建设技术大纲》《新一代人工智能发展规划》、中国国家标准 GB/T 34678—2017"智慧城市技术参考模型"等。

2）信息化技术构成智慧城市发展基座

（1）信息化技术与智慧城市：当今社会数据成为重要生产要素，5G、大数据、云计算、区块链、人工智能、边缘计算等新兴技术不断取得突破，新产业、新模式、新业态层出不穷，社会生产效率得到极大提升。

人工智能与智慧城市的结合能够助力智能升级。人工智能可以全面升级边缘智能硬件、智能物联网平台、智慧城市应用等智慧城市各个层次，极大地提高城市的智慧化水平。

大数据能助力智慧城市数据共享。智慧城市是一个拥有、生成各类繁杂数据的巨型综合系统，大数据分析是智慧城市的"智慧大脑"。智慧城市系统需要按照目标要求进行收集、整理、加工和分析数据，从种类繁杂的各类数据中提炼关键准确的有效信息，为人们的衣食住行等活动提供各项便利智慧的方案，最终实现生活智慧化，这一切工作流程都离不开大数据分析。

边缘计算有助于提升智慧城市的全面感知能力。边缘计算是让数据处理更靠近数据源，这意味着仅通过本地设备控制就可以实现，无需将数据传输到云端或者数据中心，可以实时或更快地进行数据处理和分析，大大提升处理效率，对于云端而言，也可以减轻负荷。

区块链能助力智慧城市的协同治理。区块链具有去中心化、不可篡改、全程留痕、可以追溯、集体维护、公开透明等特点，这些特点保证了区块链的透明性、诚实性，这也是人们对于区块链的信任所在。区块链可以让人们在互联网上方便快捷、低成本地进行价值交换，区块链的多种应用场景问题的解决，是因为其可以解决信息不对称问题，基于信任实现多个不同主体一同协作。

5G技术可以助力智慧城市的万物互联。5G技术作为新一代移动通信的核心技术,是智慧城市网络基础,为智慧城市提供了技术支持。就高速传输特性而言,5G 技术可以提升网络通信能力,提供了更快的数据传输速度和超大移动带宽,使得设备可以实时、高效地传输数据,为智慧城市提供了快速、稳定的网络基础。就低延迟特性而言,5G 技术的低延迟特性能够实现远程控制与实时交互,使得自动驾驶、智慧交通、智慧医疗、智慧安防等应用场景的实现成为可能。

(2) 信息化技术与智慧景观:对于景观设计而言,将 5G 技术、大数据技术、云计算技术、人工智能技术等信息化手段应用到景观设计领域,使得传统的景观设计得以与现代科技相结合,创造出更加智能化、人性化、更具有前瞻性的景观设计。

5G 技术的发展与应用是智慧景观实现数据传输服务更快速、稳定的基石。5G 技术具有高速率、低时延、大连接数等特点,使得大规模的数据采集、传输和处理成为可能。这为智慧景观的实时监测、数据分析、反馈控制等提供了强有力的支持。

大数据技术则为智慧景观规划设计的前期准备、施工阶段、后期检测等过程提供海量的数据支持。在景观规划设计初期,大数据技术通过对大量数据的分析和挖掘,提取出居民需求、行为模式和趋势,帮助设计师发掘痛点,才能设计出能够满足大多数居民需求的景观。同时,大数据技术还可以帮助规划师预测未来的趋势和变化,提前作出规划和布局。在施工过程中,通过大数据监测,可以及时解决施工过程中遇到的问题,当不同系统之间出现相互干扰时,大数据可以通过计算,辅助设计是更好的决策,减少时间成本与资金成本。

云计算技术为智慧景观提供了强大的运算与储存能力、支持智慧景观的实时监测和调控,同时可以推动智慧景观的可持续发展。云计算技术基于网络将巨大的数据计算处理程序分解成无数个小程序,通过多部服务器的分布式计算进行处理和分析,将结果返回给用户,为智慧景观在数据处理和储存方面提供了强有力的支持。同时云计算为智慧景观提供智能检测与调控,通过云计算平台,可以实时收集和分析景观空间中的各种数据,如地理信息、气象数据、植物生长数据、土壤湿度、空气质量、人流量等,并根据这些数据对景观进行智能调控,如自动灌溉、智能照明、环境优化等,提高景观的管理效率和服务水平。

人工智能技术的发展为智慧景观规划设计提供了智能化、自动化的解决方案。人工智能技术在设计初期为设计师提供场地信息、环境现状的信息。通过大量数据的收集和分析,设计师可以制定相对科学、有效的设计方案。人工智能技术也可以帮助规划师进行智能化的数据分析和处理,自动生成设计方案和优化方案。同时,人工智能技术还可以模拟不同设计方案的效果,从而筛选出更优的方案,减少时间和人力成本。智慧景观的管理与维护也少不了人工智能的支持,应用传感器和监控设备,可以实时检测监管环境的状况,并根据监测结果自动运行程序,实现智能化管理,及时发现潜藏的问题,提高解决效率。

综上所述,5G、大数据、云计算、人工智能等新兴技术的应用,为智慧景观规划设计提供了重要的技术支持和创新思路。通过这些技术的应用,可以更好地实现可持续性发展,提升人民的生活品质和幸福感。

(3)信息化技术的发展对智慧景观规划设计的影响:在数据采集与处理方面,信息化技术为景观规划带来了技术变革和数据支持。信息化技术增强了获取数据的效率和准确性,扩展了数据分析的深度与广度,提升景观规划设计的合理性、科学性与前瞻性。信息化技术对大量数据的获取、分析、处理、储存都有很大帮助,包括环境监测、人流分析、能耗管理等方面的数据。通过传感器、物联网等技术手段,可以实时采集数据并进行处理,为规划师提供更加精准的数据支持。

在数字化设计方面,信息化技术使得景观设计更加数字化,提升了景观设计的效率、精度与创新能力。设计师可以通过计算机 CAD、BIM 等技术辅助设计软件进行三维建模、虚拟仿真等操作,模拟景观空间、分析景观环境、优化设计方案;VR、AR 等技术提供了沉浸式的设计体验,设计师可以应用 VR 技术体验自己的设计作品,从而进行修改和调整;公众可以通过 AR 技术了解、体验景观设计方案。同时,数字化设计还可以方便地进行方案调整和优化,减少实物模型的使用成本。

在智能化管理方面,信息化技术可以通过引入智慧化平台实施检测各个进程来提高景观设计管理效率,可以通过数据的分析与挖掘来进行智能预测,从而优化决策过程,也可以促进协同合作、提升客户体验,实现景观设施的精细化管理。同时通过智能化管理,提升景观设施的应用效率,降低维护成本。

在交互性增强方面,信息化技术使得景观设施具有更强的交互性,传感器及互动装置等智能感应与互动技术的应用,可以设计多种有趣味性和教育意义的互动装置,游客可以通过触摸、手势、语音等方式来进行互动,沉浸式体验,也可以根据游客的行为和需求进行响应,提供更加个性化的服务。

在可持续性发展方面,信息化技术可以促进景观的可持续性发展,通过智能化设备对环境进行监测和调控,提高景观的环境质量和适应性。同时,信息化技术还可以帮助规划师更好地理解和利用自然资源,减少对环境的负面影响。

综上所述,信息化技术的发展为智慧景观规划设计提供了重要的技术支持和思路拓展,使得景观规划更加科学、高效和可持续性发展。

3) 城市化进程与人口变化催生城市管理变革

(1) 我国城市化进程:中国的城市化进程是一个复杂的社会经济发展过程,经历了多个阶段。19世纪下半叶到20世纪中叶,由于受到世界列强的侵略以及军阀割据的困扰,中国的城市化发展不均衡,长期处于停滞状态。20世纪50年代中期以后,中国建立了城乡二元分割的社会结构,城市化进程受到了很大的影响。改革开放以后,中国城市化进程明显加快,逐渐形成了大城市带动中小城市发展的格局。近年来,随着中国经济的快速发展和人口的不断增长,城市化进程不断加速,成为推动中国经济发展的重要动力。

总的来说,中国的城市化进程是一个长期而复杂的过程,未来仍将面临诸多挑战和机遇。

(2) 城市化进程与人口变化:城市化进程与人口变化之间存在着密切的关系。城市化进程是指农村人口向城市转移和集中的过程,而人口变化则涉及人口数量、年龄结构、性别比例等方面的变化。随着城市化进程的加速,大量农村人口流入城市,这导致城市人口数量不断增加。同时,城市化进程还伴随着人口年龄结构和性别比例的变化。城市里年轻人口和劳动力人口的比例较高,而农村的老年人口和儿童的比例较高。此外,城市化进程还可能导致性别比例失衡,因为一些男性劳动力流入城市,而女性劳动力则留在农村。

城市化进程和人口变化对城市发展和社会经济产生重要影响。随着城市人口不断增加,城市需要不断扩大基础设施和公共服务设施的规模,以满足人们的需要。同时,城市化进程也推动了经济发展和产业结构调整。城市成为经济活动的中心,吸引了大量投资和企业进驻,从而促进了经济增长和产业升级。

然而,城市化进程和人口变化也带来了一些问题。随着城市人口的增加,城市环境质量下降、交通拥堵、住房紧张等问题逐渐凸显出来。同时,城市化进程可能导致城乡差距扩大,使农村地区的发展更加滞后。

因此,在城市化进程中,需要采取有效的措施来应对人口变化和解决相关问题。政府应该加强城市规划和基础设施建设,提高城市的环境质量和承载能力。同时,应该推动城乡协调发展,缩小城乡差距,促进经济社会的可持续发展。

(3)我国城市化进程与人口变化对智慧城市的发展产生了重要影响:随着城市化进程的加速,城市人口数量不断增加,对城市基础设施和公共服务设施的需求也随之增加。智慧城市通过应用物联网、云计算、大数据、人工智能等技术手段,提高了城市管理的智能化和高效化水平,满足了城市居民日益增长的需求。

具体来说,智慧城市在以下几个方面发挥了重要作用。

城市交通管理:智慧交通系统通过实时监测交通流量、路况信息、公共交通状况等,为城市交通管理部门提供科学依据,有效缓解城市交通拥堵问题。

城市环境监测:通过安装传感器和监测设备,智慧城市可以对城市环境进行实时监测和分析,及时发现和处理环境问题,提高城市环境质量。

城市公共服务:智慧城市为城市居民提供了便捷的公共服务,如智能照明、智能灌溉、智能垃圾处理等,提高了公共服务的质量和效率。

城市安全管理：智慧城市通过视频监控、人脸识别等技术手段，加强了城市的安全管理和防范能力，提高了城市的安全水平。

我国人口变化也对智慧城市的发展产生了影响。随着城市人口数量的不断增加，智慧城市的需求更加迫切。同时，人口老龄化和人口流动也对智慧城市的发展提出了新的挑战和机遇。智慧城市需要更好地满足老年人和流动人口的需求，提供更加便捷、人性化的服务。

（4）我国城市化进程与人口变化对智慧景观机遇与挑战：城市化进程与人口变化催生城市管理亟需变革，这为智慧景观规划设计提供了新的机遇和挑战。随着城市化进程的加速和人口的不断增长，城市管理面临着诸多问题，如城市交通拥堵、环境质量下降、安全隐患增多等。传统的管理模式已经难以应对这些问题，因此城市管理亟需变革。

智慧景观规划设计可以通过数字化、智能化手段，提高城市管理的效率和精度，为城市管理带来新的思路和方法。例如，利用物联网技术对城市设施进行实时监测和预警，及时发现和处理问题；利用大数据技术对城市运行数据进行深度分析和挖掘，为决策提供科学依据；利用人工智能技术进行智能化的城市规划和设计，提高城市的可持续性和宜居性。

同时，城市化进程和人口变化也为智慧景观规划设计带来了新的挑战。随着城市人口的增加，城市空间变得越来越拥挤，如何合理利用城市空间、提高城市的绿化覆盖率、改善城市环境质量等问题变得越来越重要。智慧景观规划设计需要充分考虑这些问题，通过科学规划和管理，为城市居民创造更加宜居、舒适、安全的生活环境。

城市化进程与人口变化催生城市管理亟需变革，这为智慧景观规划设计提供了新的机遇和挑战。智慧景观规划设计需要不断创新和完善，通过数字化、智能化手段提高城市管理的效率和精度，为城市居民创造更加美好的生活环境。

因此，智慧景观规划设计的发展时代背景是顶层设计要求、信息化技术的快速发展以及城市化进程的加速和人口变化这三大因素的共同作用，推动了智慧景观的兴起和发展。

1.1.2 经济背景

智慧城市的发展是在一定的经济背景下展开的。随着全球化和信息化的发展,城市经济面临着诸多挑战和机遇。城市化进程加速,人口膨胀、环境污染、资源短缺等问题逐渐凸显出来,而新技术革命的兴起则为解决这些问题提供了新的思路和手段。

智慧城市作为一种新型的城市发展模式,其发展经济背景主要体现在以下几个方面。

1) 全球经济一体化和产业结构调整为智慧城市的发展提供了重要机遇

随着全球经济一体化的加速,城市作为经济活动的中心,其发展水平和竞争力直接影响到国家和地区的经济发展。智慧城市通过提高城市管理的智能化和高效化水平,提升城市的吸引力和竞争力,从而更好地融入全球经济体系中。

全球经济一体化使得各国之间的经济联系更加紧密,智慧城市作为城市发展的新模式,可以通过国际合作和交流,借鉴先进的发展理念和经验,加速自身的发展进程。同时,全球经济一体化也推动了贸易和投资自由化,为智慧城市的建设提供了更多的资金和技术支持。

产业结构调整则是经济发展的必然趋势,随着科技的不断进步和市场的变化,传统产业逐渐向智能化、高端化方向转型。智慧城市的建设可以促进信息技术与各产业的深度融合,推动产业升级和创新发展,为城市的经济发展注入新的动力。智慧城市可以为企业提供更加便捷和高效的服务,降低运营成本,提高市场竞争力,从而吸引更多的优质企业和投资。

此外,全球经济一体化和产业结构调整也带来了智慧城市发展的新需求和新机遇。随着国际合作的加强和产业结构的升级,城市治理和公共服务面临着更高的要求和更复杂的挑战。智慧城市可以通过数字化、智能化手段提高城市管理和服务水平,满足居民和企业多样化的需求,增强城市的吸引力和竞争力。同时,智慧城市也可以通过参与国际合作和竞争,拓展国际市场,提升自身的国际影响力和竞争力。

2) 信息化和数字化的发展为智慧城市的发展提供了重要的推动力

通过应用物联网、云计算、大数据、人工智能等技术手段,智慧城市能够实现对城市各个领域的实时监测和智能管理,提高城市运行效率和管理水平。

随着信息技术的不断进步,数据已经成为重要的生产要素,数字化经济逐渐成为全球经济发展的趋势。智慧城市利用物联网、云计算、大数据、人工智能等信息技术手段,实现城市各项事务的数字化和智能化管理,提高了城市管理的效率和精准度。

在信息化和数字化经济背景下,智慧城市的发展具有以下优势。

数据驱动决策:智慧城市通过收集和分析大量的数据,为城市管理和决策提供科学依据。例如,通过实时监测交通流量和路况信息,可以优化交通路线和调度,缓解交通拥堵问题。

提高公共服务水平:智慧城市通过数字化手段,提供更加便捷、高效的公共服务。例如,通过智慧医疗系统,市民可以远程预约挂号、在线咨询医生,享受到更加便捷的医疗服务。

促进产业升级和创新发展:智慧城市的发展推动了传统产业的升级和创新发展。例如,智能制造、智能物流等新业态、新模式的出现,为城市的经济发展注入了新的动力。

增强城市抗灾能力:智慧城市通过数字化技术,实现对自然灾害和公共安全事件的实时监测和预警,提高城市的抗灾能力。例如,通过智能安防系统,可以实时监测和预警火灾、盗窃等安全事件,保障市民的生命财产安全。

降低能耗和排放:智慧城市通过智能化的能源管理和环境监测,降低城市的能耗和排放,提高城市的环境质量和可持续性。

促进城市创新的改进:智慧城市可以为城市治理提供更多的数据和信息支持,促进城市治理的创新和改进。例如,通过大数据分析,可以更加精准地了解城市居民的需求和市场趋势,为企业的决策提供更加科学和可靠的支持。

3) 可持续发展的需求

随着全球环境问题的日益严重,可持续发展成为各国共同追求的目标。可持续发展是智慧城市发展的重要推动力之一。随着全球环境问题的日益严重和各国对可持续发展的重视,智慧城市通过应用绿色技术和环保材料,推动城市的节能减排和生态建设,满足可持续发展的需求。

可持续发展强调经济的长期稳定发展与生态环境的保护相结合。智慧城市的建设需要充分考虑城市发展的可持续性,通过推广可再生能源、减少能源消耗和碳排放、使用环保材料等方式,降低对环境的负面影响。同时,智慧城市也需要注重城市的生态建设,加强绿化、湿地保护和生态修复等方面的工作,提高城市的生态环境质量。

可持续发展强调经济、社会和环境的综合发展。智慧城市的建设需要关注经济、社会和环境的协调发展,通过智能化手段提高城市管理和公共服务的效率和精准度,推动城市的经济、社会和环境协同发展。例如,智慧城市可以利用大数据、物联网等技术手段,优化城市交通管理、提高城市供水效率、改善城市居民的生活质量等方面的工作。

可持续发展也强调创新和科技的发展。智慧城市作为科技创新的重要领域,通过应用先进的信息技术和智能化手段,推动城市的数字化转型和创新发展。智慧城市的建设需要注重创新和科技的发展,加强技术研发和推广应用,推动城市的可持续发展。

可持续发展是智慧城市发展的重要推动力之一。智慧城市需要抓住机遇,加强绿色技术和环保材料的研发和推广应用,推动城市的节能减排和生态建设,实现经济、社会和环境的协调发展。同时,智慧城市也需要应对环境问题带来的挑战,如气候变化、资源短缺等方面的问题,以实现可持续发展和提高城市的综合竞争力。

4) 消费需求的变化对智慧城市的发展产生了重要影响

随着人口素质的提升和城市化进程的加速,消费需求也在发生变化。消费者更加注重品质、健康、环保等方面的需求,对于个性化、多元化、智能化的产品和服务的需求增加。智慧城市可以通过智能化手段提供更加便捷、高效、个性化的服务,满足消费者需求的升级。

5）经济背景对智慧城市的发展具有重要影响

随着经济的发展和城市化进程的加速，智慧城市的建设逐渐成为城市发展的重要趋势。

经济发展为智慧城市提供了必要的资金和技术支持。智慧城市的建设需要大量的资金投入，包括基础设施建设、技术研发、运营维护等方面。经济的发展使得政府和企业有更多的资金用于智慧城市建设，同时也吸引了更多的投资者和合作伙伴参与其中。

经济发展推动了智慧城市的产业升级和创新发展。随着经济的发展和产业结构的调整，传统产业逐渐向智能化、高端化方向转型。智慧城市的建设可以促进信息技术与各产业的深度融合，推动产业升级和创新发展，培育新的经济增长点。

经济背景的变化也促使智慧城市的发展方向更加多元化和个性化。随着消费者需求的不断升级和变化，智慧城市需要提供更加多元化和个性化的服务。同时，随着城市治理的日益复杂，智慧城市也需要满足政府在城市管理方面的需求，实现更加精准和高效的城市治理。

经济发展也带来了智慧城市发展的挑战。随着经济发展的不确定性和风险的增加，智慧城市需要更加注重可持续发展和风险防范。同时，随着技术的快速更新换代，智慧城市也需要不断更新和升级技术体系，以适应不断变化的市场需求和技术环境。

1.1.3　社会民生背景

社会民生背景是智慧城市发展的重要影响因素之一。随着社会经济的发展和城市化进程的加速，社会民生问题越来越受到关注，其中包括经济收入、教育、医疗、就业、社会保障等方面。

1）社会民生问题是智慧城市发展的重要影响因素

经济收入、教育、医疗、就业、社会保障等方面是社会民生的重要组成部分。

经济收入是社会民生的基础。智慧城市可以通过技术创新和产业升级，提高城市的经济发展水平和居民收入水平。同时，政府可以制定相关政策,鼓励创新创业和扩大就业,提高居民的收入水平和生活质量。

教育是社会民生的关键。智慧城市可以利用信息技术手段提供更加优质、公平的教育资源,促进教育的发展和改革。例如,在线教育、智能教育等新型教育模式可以为更多人提供学习机会和资源,提高居民的文化素质和就业能力。

医疗是社会民生的重点。智慧城市可以利用信息化手段提高医疗服务的效率和质量,为居民提供更加便捷、高效的医疗服务。例如,远程医疗、智能医疗等新型医疗服务模式可以为患者提供更加及时、精准的治疗方案,提高医疗效果和患者满意度。

就业是社会民生的保障。智慧城市需要注重就业问题,通过智能化手段创造更多的就业机会,提高就业质量和人民收入水平。政府可以制定相关政策鼓励企业增加就业岗位,同时加强职业技能培训和创业扶持,提高居民的就业能力和创业意识。

社会保障是社会民生的基础制度。智慧城市可以利用信息化手段提高社保管理的效率和精准度,确保社保资金的合理使用和管理。同时,政府可以制定相关政策,完善社保体系和福利制度,为居民提供更加全面、可靠的社会保障。

2) 智慧城市可以改善民生问题

智慧城市可以通过各种智能化手段,提高城市管理和公共服务的效率。

例如,智慧教育可以利用信息技术手段提供更加优质的教育资源,促进教育公平;智慧医疗可以利用信息化手段提高医疗服务的效率和质量,改善患者的就医体验;智慧交通可以利用智能化手段优化交通路线和调度,缓解交通拥堵问题;智慧社保可以利用大数据等技术手段提高社保管理的效率和精准度,确保社保资金的合理使用和管理。

另外,随着城市化进程的加速,城市人口数量不断增加,城市管理难度也随之加大。智慧城市可以利用信息技术手段实现城市各项事务的数字化和智能化管理,提高城市管理的效率和精准度,为城市居民提供更加便捷、高效的服务。

　　此外,社会民生问题也涉及城市居民的生活质量和社会公平正义等方面。智慧城市的建设需要注重社会公平正义和包容性发展,通过智能化手段实现资源的合理配置和共享,促进社会的和谐稳定和持续发展。

　　智慧城市需要关注民生问题,利用智能化手段提高城市管理和公共服务的效率和精准度,改善民生问题,促进社会的和谐稳定和持续发展。同时,智慧城市也需要注重社会公平正义和包容性发展,确保资源的合理配置和共享,实现城市的可持续发展和提高城市的综合竞争力。

1.2　智慧景观规划设计的发展现状与未来

1.2.1　智慧景观规划设计的发展现状与特点

1) 智慧景观规划发展现状

　　初级信息化景区:目前,我国大部分中小景区正处于初级信息化阶段。这个阶段的景区主要依托计算机、局域网、多媒体和互联网技术,初步建立了办公自动化系统和景区门户网站。然而,由于资金短缺,信息化程度较低,基础设施和配套设备相对落后,已建成的系统后期维护能力不足,导致景区软实力建设长期滞后。

　　数字景区:数字景区是智慧景区建设的重要阶段。在这个阶段,信息化建设主要是根据业务需要,依托 3S 技术进一步完善信息网络和基础应用系统(包括办公、电子商务、门禁、售票、财务、监控、GPS 定位、GIS 地理信息等方面)。数字景区通过多功能全方位视频监控系统,实现对区内众多景点和游客密集区域的实时监控,从而促进预防森林火灾、确保游客安全和加强资源保护等工作。

　　智慧景区:智慧景区是指利用信息技术和智能化设备来提升景区管理、游客服务和体验的旅游目的地。这些技术和设备包括物联网、大数据分析、人工智能、无人机、智能导览系统、移动应用程序等,以提供更高效的管理、更便捷的游客服务和更丰富的旅游体验。智慧景区建设内容主要包括智慧管理、智慧服务、智慧营销三个层面的智慧化建设方案。随着中国旅游业的飞速发展,智慧景区建设不断推进,加快了传统旅游产业结构的优化升级。智慧旅游已经成为推动区域经济发展的重要动力。近年来,中国智慧景区行业经历了技术升级和发展,以提供更好的游客体验和更高效的景区管理。

智慧管理:现阶段包括智慧停车、电子票务、智能监控预警、万物互联建设等,通过建设逐步优化景区车辆管理、人流量管理、园区秩序管理和景物管理。

智慧服务:目前主要指在智慧景区内的服务,包括精细化地图、智能顾问、智能游玩规划、语音讲解和导览互动大屏等,通过智慧服务建设提升景区服务品质,为游客提供个性化游玩规划,优化游客游玩体验。

智慧营销:现阶段包括在线购票、周边服务、在线导购等,为游客提供从来到回的全过程在线订购、门票、住宿、特色物产等服务,优化游客消费体验。

智慧园林:智慧园林是运用智能载体,高效、准确地对景观信息进行采集、储存与分析。它将人类的理性判断与智能载体相结合,形成一个满足自然环境、人类和现代科技间相互连通的"智能网",并运用智慧的方式去再现、感知和体验景观。现阶段,我国智慧园林行业正处于智能园林向智慧园林转型的阶段。在国内互联网技术和信息通信技术的快速发展下,智慧园林的建设工作也在持续推进中。

总之,随着科技的不断进步和应用,智慧景观规划正在不断发展壮大。从初级信息化景区到数字景区再到智慧景区,信息技术在不断推动着旅游业的变革和发展。未来,随着 5G 通信、物联网等技术的广泛应用,智慧景观规划将进一步优化提升,为游客提供更加便捷、智能的服务体验。同时,也将为区域经济发展注入新的活力,推动旅游业实现更加绿色可持续的发展。

2) 智慧景观规划发展阶段特点

智慧景观规划的发展分为四个阶段,如图 1 - 1 所示。

在第一阶段 1.0 的概念导入期(2008—2012),政府在智慧景观规划中发挥了主导作用,行业开始逐步推进数字化和网络化技术的应用。这一时期,各行业重点技术逐步得到推进,包括无线通信、光纤宽带和 GPS 技术等。推进方式以国外软件系统集成式主导,如 IBM 和 Oracle 等公司在此领域发挥了重要作用。

图 1-1　智慧城市-智慧景观规划设计发展阶段

在这个阶段,数字化、智能化技术开始在景观规划中得到应用,这为后续的智慧景观规划发展奠定了基础。政府的主导作用确保了智慧景观规划的顺利推进,同时也吸引了更多的行业和企业参与其中,推动了相关技术的快速发展。

总体来说,第一阶段 1.0 的概念导入期是智慧景观规划发展的起点,为后续的深入发展和应用提供了重要的基础。

在第二阶段 2.0 的试点探索期(2012—2015),随着城镇化的加速,信息技术在景观规划中得到了更广泛的应用。这一阶段,各业务领域开始探索局部联动,共享智慧城市开始步入规范化发展阶段。重点技术包括云计算、RFID 和 4G 等,这些技术的应用为智慧景观规划提供了更加强大的支持和保障。

在这一时期,国家部委开始牵头开展试点建设,设备商和集成商也纷纷加入智慧景观规划的市场竞争中,开始了"跑马圈地"的竞争格局。这种竞争态势促进了智慧景观规划技术的不断创新和应用,加速了行业洗牌和整合。

总的来说,第二阶段 2.0 的试点探索期,是智慧景观规划发展的关键阶段,这一时期的技术创新和市场拓展为后续的全面发展奠定了坚实的基础。

在第三阶段 3.0 的统筹推进期(2016—2020 年),数据大脑和城市大脑成为驱动智慧景观规划发展的重要力量。这一阶段注重以人为本、成效导向、统筹集约、协同创新,重点技术包括 No‑IOT、5G、大数据、人工智能和区块链等。这些技术的应用进一步提升了智慧景观规划的智能化和协同化水平,为城市的发展提供了有力支持。

这一时期,政府指导与市场主导相结合,25 个相关部委共同推进智慧景观规划的发展。国内互联网企业、运营商、软件服务商和系统集成商等积极参与,形成多元化的市场格局。同时,市场竞争也日益激烈,推动了智慧景观规划的快速发展和行业整合。

总体来说,第三阶段 3.0 的统筹推进期是智慧景观规划发展的关键阶段,数据大脑和城市大脑的驱动使得智慧景观规划更加注重实际成效和应用,为城市的可持续发展提供了有力支持。

在第四阶段 4.0 的集成融合期(2020 迄今),智慧景观规划发展已经进入了全新的阶段。数字孪生技术驱动平台成为赋能智慧城市的重要力量,将智慧城市景观转化为具有资源共享特点的智慧城市。这一阶段注重以人为本、成效导向、统筹集约和协同创新,强调多统筹协调、部门协作和政企合作,形成跨行业、跨生态的合作关系,共同创造智慧城市的美好未来。

重点技术方面,模拟仿真和深度学习等技术的应用进一步提升了智慧景观规划的精准度和智能化水平。这些技术的应用不仅优化了城市管理和服务,也为城市的可持续发展提供了有力支持。

总体来说,第四阶段 4.0 的集成融合期是智慧景观规划发展的新阶段,数字孪生技术的广泛应用将为智慧城市的发展注入新的活力,推动城市向更加智能化、绿色化和可持续化的方向发展。

1.2.2 智慧景观规划设计发展趋势与未来前景

1) 数字化与智能化

随着物联网、大数据、云计算等技术的发展,景观规划设计将越来越依赖数字化和智能化手段。这些技术将有助于设计师更精准地理解场地信息,更高效地进行设计工作,并实现实时监测和反馈,使设计更具适应性。

以下是数字化与智能化在景观规划设计中的具体应用和影响。

数字化技术提供了更高效的设计工具。数字化技术使得设计师能够利用计算机辅助设计软件进行建模、渲染、分析和优化。这些工具大大提高了设计的效率和精度,使设计师能够更快地迭代设计方案,更好地表达设计意图。

大数据为规划设计提供依据。通过大数据分析,设计师可以更深入地了解场地信息,包括气候、土壤、植被、人流等。这些数据可以为设计提供有力的依据,帮助设计师更好地把握场地特性和需求。

物联网技术实现实时监测和反馈。物联网技术通过传感器和设备实时监测景观环境,收集各种数据,如温度、湿度、光照、土壤状况等。这些数据可以及时反馈给设计师,帮助其了解设计的运行状况和性能表现,以便进行及时的调整和优化。

云计算支持协同设计和资源共享。云计算技术为景观规划设计师提供了一个协同工作的平台,不同部门和团队可以在云端共享资源、沟通和协作。这大大提高了设计工作的效率和协作性,减少了信息孤岛和重复劳动。

人工智能助力智能化设计。人工智能技术可以通过机器学习和深度学习算法,自动分析数据、识别模式和提出优化方案。这为景观规划设计提供了新的思路和方法,使其更加智能化和自主化。

2) 人本化与生态化

未来的景观规划设计将更加注重人的需求,强调生态优先,创造人与自然和谐共生的环境。通过生态修复、海绵城市等技术的应用,提高城市和社区的生态环境质量。

人本化是指未来的景观规划设计将更加注重人的需求和体验。设计师需要深入了解人们的生活方式、需求和期望,并以此为依据进行设计。这意味着设计需要考虑到不同年龄、文化背景和使用需求的人群,创造一个包容、友好和富有吸引力的环境。例如,通过设计多功能的公共空间、无障碍设施和便捷的交通路线,满足人们的社交、休闲和运动需求。同时,在材料和植物选择上,也要考虑到人的健康和舒适度。

生态化强调的是创造人与自然和谐共生的环境。未来的景观规划设计将更加注重生态优先,通过生态修复和保护等手段,提高城市和社区的生态环境质量。这包括保护和恢复自然生态系统、增加绿化覆盖率、合理配置植物和动物种类等。此外,采用低影响开发模式,如雨水花园、湿地修复和生态驳岸等,来减轻环境压力和促进雨水资源利用。这些措施有助于降低城市热岛效应、改善水质和空气质量,提供给人们一个宜居的环境。

人本化和生态化也体现在景观规划设计的可持续性和可适应性方面。设计师需要考虑到环境、经济和社会三个方面的影响,确保设计的可持续性。这意味着设计需要适应未来可能的变化,如气候变化、人口增长和经济发展等。通过采用灵活和可适应的设计策略,如多功能设施和可再生能源利用,景观规划设计能够更好地应对未来的挑战。

3) 科技与艺术结合

未来的景观规划设计将更加强调科技与艺术的结合,创造出具有艺术美感的环境,同时满足人们的科技需求。例如,运用新媒体艺术、交互艺术等技术,创造互动性强、参与性强的公共空间。

新媒体艺术和交互艺术为景观规划设计带来了新的表现形式和互动体验。通过运用 LED 显示屏、投影技术、互动装置等新媒体手段,设计师可以在景观中创造出动态、多彩的艺术效果。这些新媒体艺术作品可以与观众进行互动,提供沉浸式的体验,让人们更好地参与到景观中。例如,互动式水景、音乐灯光装置和触摸感应花坛等,都能够增强景观的趣味性和参与性。

科技与艺术的结合还体现在数字化设计的创新上。数字化设计允许设计师以更自由、灵活的方式表达创意,创造出独特的美学效果。通过数字建模和渲染技术,设计师可以在虚拟环境中预览和优化设计方案,更好地实现设计意图。同时,数字化设计也为景观的动态变化提供了可能性,如智能照明系统、动态雕塑和编程艺术等。

科技与艺术的结合还促进了景观与建筑的融合。随着科技的发展,建筑表皮、结构形式和材料选择都呈现出多样化的趋势。景观设计可以与建筑相呼应,通过科技手段实现与建筑的互动和融合,创造出一个整体性的环境。例如,建筑表皮的动态投影、智能窗户和可调节遮阳设施等,都可以与景观设计相结合,共同营造一个和谐、富有科技感的城市空间。

　　科技与艺术的结合为景观规划设计带来了新的机遇和可能性。通过新媒体艺术、交互艺术和数字化设计的手段,设计师可以创造出独特、富有艺术美感的景观环境,同时满足人们的科技需求。这种结合不仅丰富了景观的表现形式和功能,还增强了人们的互动体验,为城市空间注入活力和魅力。

4) 多元化与协同创新

　　未来的景观规划设计将更加注重多元化和协同创新。设计师将需要与不同领域的人士合作,包括工程师、建筑师、城市规划师、社会学家等,共同推动项目的实施。同时,设计过程中将更加注重创新,探索新的设计方法和理念。

　　多元化意味着景观规划设计需要应对各种不同的需求和挑战,满足不同人群、文化和环境的需要。设计师需要具备跨学科的知识和技能,了解不同领域的相关因素,如环境科学、社会科学、文化研究等。同时,还需要关注新的技术和趋势,将其融入到设计中,以提供更加全面和可持续的解决方案。

　　协同创新则强调了设计师与其他领域专业人士的合作与交流。景观规划设计需要与工程师、建筑师、城市规划师、社会学家等不同领域的专家进行合作,共同研究和解决问题。这种合作可以带来更广阔的视野和更丰富的思维方式,促进创新的产生。通过跨学科的合作,可以整合各种资源和技术,实现更高效、更可持续的设计成果。

　　在多元化与协同创新的推动下,景观规划设计将更加注重创新和实验。设计师需要勇于尝试新的设计方法和理念,不断探索和发现新的可能性。这包括采用新的材料、技术和管理方法,以及研究新的设计理论和实践。通过不断的创新和实验,景观规划设计将能够更好地应对未来的挑战,创造更加美好的生活环境。

　　多元化与协同创新是未来景观规划设计的必然趋势。设计师需要具备跨学科的知识和技能,与其他领域的专家进行紧密合作,共同推动创新的产生。通过不断的尝试和实验,景观规划设计将能够提供更加全面、可持续的解决方案,为人们创造更加美好的生活环境。

5) 可持续性与可适应性

未来的景观规划设计将更加注重可持续性和可适应性。设计师将需要考虑环境、经济和社会三个方面的影响,确保设计的可持续性。同时,设计也需要具有足够的灵活性,以适应未来可能的变化。

可持续性与可适应性是现代景观规划设计中的重要原则,它们强调在满足当代需求的同时,不损害未来世代的需求,并保持生态、经济和社会的平衡发展。

可持续性要求景观规划设计考虑环境、经济和社会三个方面的影响。环境方面,设计师需要保护和恢复自然生态系统,降低能源消耗,减少废弃物排放,合理利用资源,提高环境质量。经济方面,设计师需要考虑项目的经济效益,确保设计的可行性和可维护性,同时创造就业机会和促进地方经济发展。社会方面,设计师需要关注人们的需求和福祉,提供公平、包容和安全的环境,促进文化交流和社会互动。

可持续性还要求景观规划设计具有足够的灵活性,以适应未来可能的变化。未来环境和社会因素的变化可能会对景观造成影响,因此设计需要有足够的适应性和弹性。这包括设计具有多功能性和可调整性的设施,选择耐久性强和适应性广的材料,制定灵活的管理和维护计划等。此外,设计师还需要与相关部门和利益相关者合作,共同制定适应性策略,以应对未来可能的变化。

可适应性也要求景观规划设计注重生态系统的保护和恢复。生态系统是一个复杂的网络,包括土壤、水、植被和生物等多个方面。设计师需要了解生态系统的结构和功能,采取适当的保护和恢复措施。这包括保护和恢复湿地、植被和野生动物栖息地,建立生态走廊和保护区,以及采用生态友好的工程方法和技术等。通过保护和恢复生态系统,景观规划设计能够提高生态系统的稳定性和可持续性,提供更好的生态服务功能。

可持续性和可适应性是景观规划设计中不可或缺的原则。设计师需要综合考虑环境、经济和社会三个方面的影响,确保设计的可持续性。同时,设计也需要具有足够的灵活性,以适应未来可能的变化。通过采取适当的措施和策略,景观规划设计能够实现可持续性和可适应性,为人们创造一个美好、和谐、可持续的环境。

6) 高质量与精细化

随着城市化进程的加速和人们对生活品质要求的提高,景观规划设计将更加注重高质量和精细化。这要求设计师不断提升自身的专业素养和技能水平,以满足市场的需求。

高质量的景观规划设计意味着对细节的关注和追求。在景观设计中,无论是整体规划还是细部设计,都需要注重细节的打磨和处理。细节的精致程度直接影响到整个景观的质量和观感。设计师需要通过深入研究和精细操作,关注每一个细节,从植物的配置、材料的选用、空间的处理到景观灯光的设置等,都要求精细入微、恰到好处。只有这样,才能创造出高品质、令人愉悦的景观环境。

精细化要求景观规划设计具有更高的专业性和技术含量。景观设计涉及多个领域的知识和技能,包括植物学、土壤学、水文学、材料科学等。设计师需要具备扎实的专业基础和广泛的知识储备,能够综合运用各种知识和技术手段,实现设计的精细化。此外,设计师还需要不断学习和掌握新的技术和工具,提高自身的技能水平,以适应市场的需求和变化。

高质量和精细化也要求景观规划设计更加注重用户体验和人性化设计。设计师需要从使用者的角度出发,深入研究人们的需求和行为习惯,创造人性化的景观环境。例如,通过合理的空间布局和设施配置,提供便捷、舒适的使用体验;通过植物和材料的选用,创造宜人的环境和氛围;通过智能化技术的应用,提升景观的互动性和参与性等。

高质量与精细化是未来景观规划设计的重要发展方向。设计师需要不断提升自身的专业素养和技能水平,注重细节的打磨和处理,创造人性化的景观环境。只有这样,才能满足市场的需求和人们对美好生活的追求。

7) 智能化监测与管理

未来的景观规划设计将更加注重智能化监测与管理。通过物联网、传感器等技术手段,实现实时监测、数据分析和预警系统等功能,提高管理效率和质量。

智能化监测通过物联网和传感器技术实现对景观环境的实时监测。这些技术能够收集各种环境参数,如温度、湿度、光照、土壤养分等,以及植物生长状况、动物活动情况等信息。通过将这些信息整合和分析,设计师和管理者可以全面了解景观环境的状况,及时发现和解决问题。例如,当传感器监测到土壤湿度不足时,可以自动开启灌溉系统进行补水。

智能化监测与管理有助于提高管理效率和质量。通过实时监测和数据分析,管理者可以更加精准地进行资源分配和调度,减少浪费和重复工作。同时,预警系统可以在环境异常或突发事件发生时及时发出警报,提醒管理者采取应对措施,降低风险和损失。例如,当监测到野生动物入侵城市区域时,预警系统可以迅速发出警报,相关部门可以及时采取措施进行干预。

智能化监测与管理还有助于提高公众参与度和透明度。通过互联网和移动应用等平台,公众可以随时了解景观环境的状况和变化趋势,参与到环境管理中来。同时,这些平台还可以发布预警信息和提供互动功能,加强与公众的沟通和交流。这不仅有助于提高环境管理的效率和质量,还可以增强公众对环境管理的信任和支持。

智能化监测与管理是未来景观规划设计的重要发展方向。通过物联网、传感器等技术手段,实现实时监测、数据分析和预警系统等功能,提高管理效率和质量。同时,也有助于提高公众参与度和透明度,加强与公众的沟通和交流。随着技术的不断发展和完善,智能化监测与管理将在景观规划设计中发挥越来越重要的作用。

8) 地域文化与特色

未来的景观规划设计将更加注重地域文化与特色。在设计中融入地域的历史、文化、民俗等元素,打造具有地方特色的景观环境,弘扬地域文化价值。

地域文化与特色是未来景观规划设计中不可或缺的重要元素。随着全球化的推进,人们越来越认识到保护和传承地域文化的重要性。在景观规划设计中,注重地域文化与特色不仅可以增强景观的独特性和吸引力,还可以促进地方文化的传承和发展。

地域文化是一个地区独特的历史、文化、民俗等元素的综合体现。在景观规划设计中,通过深入挖掘地域文化,可以将其有机地融入到设计中,打造出具有地方特色的景观环境。例如,在公园的设计中,可以运用当地的传统建筑风格、民间艺术和特色植物等元素,营造出浓郁的地方文化氛围。

注重地域文化与特色有助于弘扬地域文化价值。地域文化是一个地区的宝贵财富,它承载着当地人民的历史记忆和情感认同。在景观规划设计中,通过展现地域文化的魅力,可以激发人们对地方文化的自豪感和归属感,进而促进地方文化的传承和发展。

注重地域文化与特色还可以提升景观的品质和内涵。地域文化元素往往具有深厚的文化底蕴和独特的审美价值,将其融入到景观设计中,可以使景观更加富有层次感和内涵。同时,地域文化元素也可以为景观提供丰富的设计素材和灵感来源,推动景观设计的创新和发展。

未来的景观规划设计将更加注重地域文化与特色。设计师需要深入挖掘地域文化元素,将其有机地融入到设计中,打造出具有地方特色的景观环境。通过这样的设计,不仅可以提升景观的品质和内涵,还可以促进地方文化的传承和发展,为人们创造更加美好的生活环境。

9) 社会参与和共建

未来的景观规划设计将更加注重社会参与和共建。通过广泛征集意见、公众参与等方式,让社会各界共同参与到景观规划设计中来,提高设计的民主性和科学性。

社会参与和共建有助于提高景观规划设计的民主性和科学性。景观规划设计涉及多方面的利益和需求,通过广泛征集意见和公众参与,设计师可以更好地了解和把握各方的需求和诉求,从而制定出更加科学、合理的设计方案。同时,社会参与和共建也有助于增强人们对景观规划设计的认同感和支持度,提高设计的实施效果和社会效益。

社会参与和共建有助于促进社区建设和可持续发展。社区是景观规划设计的核心要素之一,通过让社区居民参与到景观规划设计中来,可以增强社区的凝聚力和归属感。同时,社区居民的参与也有助于发掘和利用本土资源,推动社区的可持续发展。例如,利用社区闲置土地进行绿化种植、利用废旧物料进行景观建设等,既节约了成本,又促进了社区的可持续发展。

社会参与和共建还有助于提高景观规划设计的创意和多样性。社会各界人士的参与可以为景观规划设计带来不同的视角和创意,从而丰富设计的内涵和形式。例如,艺术家可以提供独特的艺术视角和创意,环保组织可以提供关于生态保护的专业意见等。这些不同的创意和视角可以相互碰撞、融合,最终形成具有创意和多样性的景观规划设计方案。

社会参与和共建是未来景观规划设计的重要发展方向。通过广泛征集意见、公众参与等方式,让社会各界共同参与到景观规划设计中来,可以提高设计的民主性和科学性,促进社区建设和可持续发展,提高景观规划设计的创意和多样性。随着社会的发展和人们参与意识的提高,社会参与与共建将在景观规划设计中发挥越来越重要的作用。

10) 智慧化城市与乡村

随着城市化进程的推进和乡村振兴战略的实施,未来的景观规划设计将覆盖更广泛的领域,包括城市和乡村。通过智慧化手段,实现城乡统筹发展、资源共享和生态共建等目标。

随着城市化进程的推进和乡村振兴战略的实施,未来的景观规划设计将更加注重智慧化城市与乡村的发展。智慧化城市与乡村是指通过信息技术、智能设备和大数据等手段,实现城乡统筹发展、资源共享和生态共建等目标。这种发展模式将有助于提高城乡居民的生活质量,促进经济社会的可持续发展。

智慧化城市与乡村可以实现城乡统筹发展。传统的城市与乡村发展模式往往存在较大的差距,城市资源丰富、发展迅速,而乡村则相对滞后。通过智慧化手段,可以将城市和乡村的资源进行整合,实现城乡之间的优势互补和协同发展。例如,利用互联网和物联网技术,实现城乡之间的信息共享和资源互通,推动城乡产业的融合发展。

智慧化城市与乡村可以实现资源共享。城乡之间存在着各种资源差异,如城市人口密集、资源紧张,而乡村则土地广阔、资源丰富。通过智慧化手段,可以将城乡之间的资源进行合理配置,实现资源共享。例如,利用智能设备和技术,实现城乡之间的能源、水源、土地等资源的共享和优化利用,提高资源的利用效率和可持续性。

智慧化城市与乡村可以实现生态共建。生态环境的保护和建设是城乡发展的重要任务之一。通过智慧化手段,可以实现城乡之间的生态共建和共治。例如,利用大数据和人工智能技术,实现城乡之间的生态环境监测和预警,及时发现和解决环境问题;同时,通过智能化的生态修复技术,实现城乡之间的生态建设和修复,提高生态环境的品质和可持续性。

智慧化城市与乡村是未来景观规划设计的重要发展方向。通过智慧化手段,可以实现城乡统筹发展、资源共享和生态共建等目标,提高城乡居民的生活质量,促进经济社会的可持续发展。随着科技的不断进步和应用,智慧化城市与乡村将在景观规划设计中发挥越来越重要的作用。

1.3 智慧城市与智慧景观规划设计的关系与构架体系

智慧景观是指利用先进的信息技术,实现景观的智能化管理和服务,提升景观的可持续性和生活质量。智慧景观主要包括智能化的环境监测、能源管理、交通控制、安全监控等方面的应用,以及对自然和人类活动的数据进行采集、分析和利用,以实现景观的可持续发展。

智慧景观的核心是数字化和智能化技术的应用,这些技术可以提升景观的运营效率和管理水平,同时降低能耗和减少对环境的影响。例如,通过智能化的环境监测系统,可以实时监测空气质量、温湿度等环境参数,为居民提供健康的生活环境;通过能源管理系统,可以实现能耗的实时监测和智能控制,减少能源浪费;通过智能化的交通控制系统,可以优化交通流,提高交通效率。

此外,智慧景观也是城市智慧化发展的重要组成部分。通过智慧景观的建设,可以实现城市资源的优化配置和高效利用,提升城市的整体运行效率和公共服务水平,推动城市的可持续发展。

智慧城市与智慧景观之间存在着密切的关系,如图 1-2 所示。智慧城市是指利用先进的信息技术,实现城市的智能化管理和服务,提升城市的运行效率和公共服务水平,推动城市的可持续发展。而智慧景观则是智慧城市的重要组成部分,它是城市智慧化的具体体现之一。

图 1-2 智慧城市与智慧景观关系构架图

首先,智慧景观是智慧城市建设的核心内容之一。智慧城市的建设涵盖了城市的各个方面,包括交通、能源、环保、公共服务等,而智慧景观则是其中的一个重要领域。智慧景观的建设可以提升城市的生态环境质量、提高居民的生活质量、推动城市的可持续发展,从而促进整个城市的智慧化进程。

其次,智慧景观是实现智慧城市可持续发展的重要保障。智慧城市的核心目标是实现城市的可持续发展,而智慧景观的建设则是实现这一目标的重要手段之一。通过智能化的环境监测和管理系统,可以减少对环境的污染和破坏;通过智能化的能源管理系统,可以实现能耗的实时监测和智能控制,减少能源浪费;通过智能化的交通控制系统,可以优化交通流,提高交通效率,减少交通拥堵和排放。这些措施可以为城市的可持续发展提供重要的保障和支持。

最后,智慧景观的建设可以促进城市的数字化和智能化发展。智慧景观的建设需要依托先进的信息技术、物联网、云计算等技术手段,这些技术的应用可以促进城市的数字化和智能化发展,提高城市的信息化水平。同时,这些技术的应用也可以为城市的智慧化发展提供重要的数据支持和信息保障。

—第 2 章—
数字孪生相关理论概念及技术体系

2.1 数字孪生定义及相关概念

2.1.1 数字孪生定义

数字孪生是通过将物理世界中的人、物、事件等所有要素数字化,在数字空间构建一个与之对应的"数字镜像",从而形成物理维度与信息维度上的共生结构。这是用数字化手段创建模型,由此来模拟物体在现实环境中的状态。

2.1.2 数字孪生相关概念

1) 数字孪生相关概念

数字孪生体:数字孪生体中的"体"既表示数字化模型的实例,也指代数字孪生背后的技术框架,还泛指数字孪生技术在不同场景下的应用系统。

数字孪生生态系统:数字孪生生态系统由多个层次构成,包括基础支撑层、数据交互层、模型构建与仿真层、共性应用层和行业应用层。基础支撑层涉及设备,如交通工具、医疗设备等。数据交互层负责数据采集、传输和处理。模型构建与仿真层涉及数据建模、仿真和控制。共性应用层涉及描述、诊断、预测、决策等功能。行业应用层则指智能制造、智慧城市等多场景的应用。

数字孪生生命周期过程:数字孪生的生命周期分为虚拟实体和物理实

体的生命周期。其中,虚拟实体的生命周期包括启动、设计与开发、验证与确认、部署、运行与监控、重新评估和退役。物理实体的生命周期则是验证与确认、部署、运行与监控、重新评估和回收再利用。二者在全生命周期过程中相互作用、相互关联,并异步迭代。

数字化表达:物理实体的信息集合,用以支持与它相关的某些决策。

数字化建模:将信息数据分配给物理世界中待完成计算机识别的对象的过程。

2) 系统与数据相关概念

基于模型的设计:通过算法和模型来进行软件设计的过程。

基于模型的企业:通过采用建模与仿真技术,对设计、制造以及产品支持等所有技术和业务流程进行深度改进和无缝集成以推动战略管理的企业。

资产数据:标准化表达,通常涉及物理或数字资产的基本属性、配置等关键信息。

运营数据:在生产、运营等过程中产生的数据,通常包括运行状态,运行效率,故障等。

背景数据:历史数据、外部数据等。

元数据:描述性信息。

3) 应用相关概念

可视化:用计算机图形和图像处理来呈现过程或对象的模型或特征。

优化:设计和操作一个系统或过程,使其在特定条件达到最佳性能或效果。

预测:判断未来状态的计算过程。

仿真:建立一个模型以模拟其物体特性或者行为/功能的方法。

监控:自动监督和过程状态报警。

增强现实(AR):通过将感知信息叠加到真实环境中,为用户提供增强的感官体验,实现虚实结合的互动。

虚拟现实(VR):利用计算机生成的模拟环境,使用户沉浸到该环境中。

2.2 数字孪生城市技术体系

近年来,在多学科交叉研究下,已初步构建了"感知标识＋地理信息＋建模渲染＋算法仿真＋虚实交互"一体化的数字孪生城市技术体系,如图2-1所示。

数字孪生的本质是技术的高度集成。数字孪生城市,是基于城市需求营建的一个复杂系统。从当前发展来看,数字孪生城市的技术体系由五类技术交织而成。"感知和标识"技术为城市提供实况数据传输能力,并通过标识与模型集成为决策支撑。"空间地理信息"技术为城市提供基本的定位参考。"建模与渲染"技术为城市提供数字骨架,能够精准刻画物理城市。"算法与仿真"技术通过对城市运行规则、业务模型、预测结果等的模拟,逼真呈现物理世界的情况。"交互与控制"技术为城市用户提供参与城市治理、获取城市服务的互动平台。

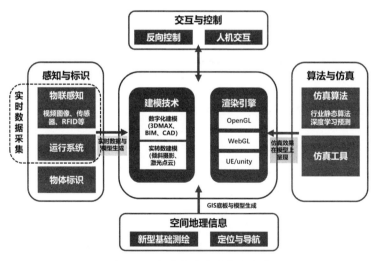

图 2-1 数字孪生城市技术体系

为实现数字孪生城市,首先需在数字空间中对物理空间和社会空间中的物体、事件以及相互关系进行虚拟表达与映射。基于此,依托信息基础设施来汇集、传输和处理海量数据,形成数据资源池。然后在通用服务能力的支撑下,这些数据形成能够对外提供的数字孪生服务,并通过交互服务实现与上层应用场景的融合。为了确保数字孪生城市的安全高效运行,必须构建完善的立体化安全管理体系,并对整个生命周期进行运营管理,保障数字资产和服务的可靠性与安全性。

1) 信息基础设施

信息基础设施是数字孪生技术体系的基础。其中,感知基础设施包括嵌入式传感器网络、物联网以及测绘设施等。连接基础设施包括 5G 网络、车联网、窄带物联网、全光纤网络等通信设备。存储基础设施包括各级数据中心以及云平台。计算基础设施包括高性能计算集群、分布式计算系统、云计算以及边缘计算等算力支撑设施。

2) 数据资源

数字资源是数字孪生技术体系的核心。数字资源可以划分为几类。其中,时空基础数据包括城市的地理信息和三维模型数据。物联感知数据包括物联感知设备采集的各类感知数据,如能耗、亮度、压强、设备运行状态等。业务应用数据包括各类业务相关信息。运行评估数据包括城市运行成效以及相关评估数据。

3) 通用服务

通用服务是数字孪生技术体系的能力支撑。其中,数据服务是对数据资源的通用支撑,包括数据建模、资产管理以及数据治理。应用服务包括引擎管理、模块管理以及用户管理。计算服务包括任务调度和性能监测。智能服务包括模式识别和知识图谱等。

4) 孪生与交互服务

孪生服务是城市数字孪生系统所需的一系列特定的服务,包括感知互联、实体映射、多维建模、时空计算、仿真推演以及可视化等模块。感知互联是城市全要素实时感知控制。实体映射是建立物理实体与虚拟实体之间的多层次映射关系。多维建模是全要素多维度数字化表达。时空计算是基于时间以及空间坐标的多维计算。仿真推演是模拟仿真和智能预测。可视化是完成物理城市到数字城市的表达。交互服务是提供多种类型开放接口的能力。

5) 安全与运营管理

安全管理根据城市安全管理制度实施一系列针对数据安全、信息系统安全和网络安全的综合管理措施。

运营管理是通过构建与物理世界相对应的数字模型、利用标识体系、感知网络和各类智能化设施对城市的各项运行要素进行实时监测和综合展示。

2.3　数字孪生城市的核心技术

1) 感知技术

(1) 数字孪生全域标识

数字孪生全域标识赋予物理对象数字"身份信息",从而支持孪生映射。通过数字孪生全域标识可实现快速索引、定位及关联信息加载。目前,主流的物体标识采用 Handle(全球统一标识系统)、Ecode(实体编码)、OID(对象标识符)等。

(2) 智能化传感器

智能化传感器是在数字孪生技术中起着至关重要的作用,它们将传感器获取信息的基本功能与计算机的信息分析、自校准、功耗管理、数据处理等功能融合,具备传统传感器不具备的功能,如自动校零、传感单元过载防护、数据存储、数据分析等能力,使得智能化传感器具备更高的精度、分辨率、稳定性及可靠性。

(3) 多传感器融合技术

多传感器融合技术通过部署多种类型的传感器,通过融合算法对这些数据进行综合处理,获得对目标的一致性解释和描述。

2) 建模与仿真技术

数字孪生建模技术的最核心的竞争力在软件和模型库上。数字孪生模型库是与建模软件相辅相成的能力。从不同层面的建模来看，可以把模型构建分为几何模型构建、信息模型构建、机理模型构建等不同分类，完成不同模型构建后，进行模型融合，实现物理实体的统一刻画。

在数字孪生体系中，仿真技术作为一种数字模拟手段，将模型转化成软件形式来模拟物理世界。只要模型正确，并具备完整的输入信息和环境数据，就能近乎准确地反映物理世界的特性。通过模型分析、预测、诊断、训练等仿真反馈，物理对象可完成优化和决策。

2.4 数字孪生的发展历程与应用领域

数字孪生技术起源于美国的航天工程应用，最早可追溯到 20 世纪 60 年代美国的阿波罗登月计划。

数字孪生概念的萌芽动机为"物理孪生"。在此基础上，美国密歇根大学的 Michael Grieves 于 2002 年发表了产品生命周期管理的概念设想，并先后提出"镜像空间模型"和"信息镜像模型"的概念，对数字孪生的基本框架做出了清晰的阐述和高度的归纳，为数字孪生技术的发展奠定了理论基础。

数字孪生技术最先在工业领域实现了商业化应用。工业 CAD、CAE 系列软件的出现，为工业数字孪生奠定了技术基础。随着工业 4.0、工业互联网、智能制造等战略的推进，使得数字孪生技术得到了广泛应用，成为这些战略创新发展的重要驱动力。

在民用领域，数字孪生技术的应用也日益普遍。西门子、达索系统等工业软件巨头相继推出数字孪生产品，覆盖能源、制造业、汽车、航空等细分行业。数字孪生技术在城市规划和公共服务等领域也得到了广泛应用，如表 2-1 所示。

表 2-1　数字孪生的前世今生:发展历程与应用领域

探索起源于: 航天航空领域	概念萌芽: 物理孪生	**NASA,阿波罗计划**　　　　　　　　　　1960 年 构建多个地面半物理模拟器,用于宇航员和任务控制人员的操作培训和故障处理
	理论支撑: 镜像模型	**Michael Grieves,密歇根大学**　　　　2002 年 发表"PLM"概念设想,并先后提出"镜像空间模型""信息镜像模型"概念,对数字孪生的基本框架做出了清晰的表达和高度的归纳
	概念定义: 数字孪生	**AFRL,机身数字孪生(ADT)**　　2009&2011 年 发起 ADT 项目并做出"Digital Twin"这一表述。机身生命周期健康管理,致力于提升运维效率和使用寿命。于 2011 年发表相关文献
		NASA,数字孪生　　　　　　　　　　　2010 年 在技术路线图 Technology Area 11 中首次提出"Digital Twin"这一概念并作出定义
率先应用于: 工业		CAD/CAE 系列软件等预先技术为工业+数字孪生奠定了技术基础 工业 4.0、工业互联网、智能制造战略提供了创新发展的机遇
	民用落地	**GE、西门子、达索等**　　　　　　　　　2015 年 工业软件巨头陆续发布数字孪生产品及解决方案覆盖电力、能源、制造业、汽车等细分行业
扩展应用于:城市 国家级战略	新加坡 Virtual Singapore	2015 年 三维动态城市模型和协作平台,用于城市规划、部门协调、公共服务等
	中国,"十四五" 规划	2020&2021 年 在全国各级城市全面推进数字孪生建设,探索建设数字孪生城市
	英国,国家级 数字孪生体	2020 年 发布《英国国家数字孪生体原则》,指导国家数字孪生发展建设,设定国家级标准
	欧盟,目的地 地球倡议	2022 年 建立一个全面和高精度的数学孪生地球,监测和模拟气候发展、人类活动和极端事件等

注释:1. PLM, Product Lifecycle Management,产品生命周期管理;
　　　2. AFRL, Air Force Research Laboratory,美国空军研究实验室。

—第 *3* 章—
数字孪生技术在智慧城市中的初期应用与发展

3.1　数字孪生技术在智慧城市中的初期应用

3.1.1　数字孪生城市定义

　　数字孪生城市是指通过数字技术、物联网、大数据分析、人工智能等技术手段来构建和管理城市,以实现更高效、智能、可持续的城市运营和管理。首先,数字孪生在城市中的核心思想是在虚拟世界中创建城市的精确数字副本,包括城市的地理、结构、交通、环境、基础设施等各个方面。这个数字复制可以通过传感器数据、卫星图像、地理信息系统等多种数据源来实现,以确保对城市的准确建模;同时,实时监控城市的运行状况,收集大量实时数据,可以动态地呈现城市的情况。在另一方面,数字孪生城市可以用来模拟各种城市发展和改进方案,以优化城市的规划和管理。通过模拟,城市管理者可以预测不同政策、基础设施投资和城市发展方向的影响,以做出明智的决策,其中就包括智能化城市和可持续性发展:通过自动化的交通管理、智能化城市安全和智能能源管理等系统,城市可以更高效地响应各种挑战和需求。再通过优化资源利用,包括降低碳排放、改善环境质量等方式,数字孪生技术还可以推动城市的可持续发展。

　　因此,数字孪生城市就是通过利用先进的数字技术和数据分析,来实现高度智能化的城市管理体系,从而提高城市的运行效率,安全性和可持续性,最终更好地协调城市人口、交通、生活等多方面的挑战,提高人民生活质量。

3.1.2　数字孪生城市与智慧城市

简单来说,城市化总共要经历三个大方面的发展,从开始的数字城市,依赖于数据的收集和分析,逐渐进入第二阶段的智慧城市,通过信息和通信技术来改善城市的运行和服务,包括了各种智能系统等领域来提高城市服务。最后,实现第三阶段的城市化发展,即数字孪生和智慧城市结合发展,数字孪生创建虚拟世界的城市精准数据模型或者城市副本,例如城市的地理结构,基础设施等各个方面用来反映城市的实际状况,同时使用先进的数据分析、模拟和信息,以及人工智能技术来进行城市化的智能管理。

因此数字孪生城市和智慧城市是密切相关的,它们可以相互支持和相互增强。数字孪生城市是智慧城市的一部分,提供了城市的数字表示,智慧城市则将这些数字应用到实际城市运营中,用来提高城市生活和治理。

首先,数字孪生城市和智慧城市是互补的,数字孪生提供一个高度可视化和实时的城市模型,以便更好地了解城市的实际情况,而智慧城市则通过智能系统来应用和治理,提供更智能化和高效的城市化管理和服务。其次,智慧城市通过数字孪生城市提供的数据收集和分析来实时监测城市变化,例如城市的交通、能源使用、公共安全等。最后,数字孪生城市和智慧城市都将以人为本,关注可持续性发展,通过数据和技术来节约能源利用,提高环境质量。

3.1.3　数字孪生城市发展的政策支持

我国数字孪生城市发展的相关政策文件主要包括国家级和地方级两个层面,如表 3-1 所示。

国家级政策文件主要包括"十四五"规划、《"十四五"数字经济发展规划》、《"十四五"国家信息化规划》等,这些文件提出了要积极完善城市信息模型平台和运行管理服务平台,构建城市数据资源体系,推进城市大脑建设,以因地制宜为原则探索建设数字孪生城市。此外,国家还加强了人工智能、量子信息、集成电路、空天信息、类脑计算、神经芯片、DNA 存储、脑机接

表3-1 数字孪生相关配套政策

政策简称	"十四五"规划	《"十四五"国家信息化规划》	《实景三维中国建设技术大纲(2021版)》	《"十四五"推动高质量发展的国家标准体系建设规划》	《"十四五"数字经济发展规划》
印发单位与时间	国务院,2021	中央网络安全信息化委员会,2021	自然资源部,2021	国家标准化管理委员会,2021	国务院,2022
重点内容	**国家战略指引**:完善城市信息模型平台,探索建设数字孪生城市	**总体规划**:推进城市数据资源体系和数据大脑建设,完善城市信息模型,探索建设数字孪生城市	**规范**:明确建设任务和技术路线	**规范**:标准体系建设	**总体规划**:完善城市信息模型,地方建设因地制宜

口、数字孪生、新型非易失性存储、硅基光电子、非硅基半导体等关键前沿领域的战略研究布局和技术融通创新。

地方级政策文件则是在国家政策的指导下,各地政府根据本地区实际情况制定的具体实施细则。例如,上海市出台了《上海市城市总体规划(2017—2035年)》和《上海市推进智慧城市建设"十三五"规划》,提出要打造智慧城市和数字孪生城市;北京市出台了《北京市"十四五"时期智慧城市发展行动纲要》,提出要建设新型智慧城市基础设施,推进城市数据融合共享,构建数字孪生城市等。

此外,还有一些城市和地区在探索数字孪生城市建设方面进行了先行先试,例如雄安新区和成都市。雄安新区在规划建设之初就提出了要建设数字孪生城市,利用数字技术实现城市的数字化、智能化和智慧化;成都市也在智慧城市建设方面进行了积极探索,提出了要建设具有国际竞争力的数字孪生城市。这些政策的出台为数字孪生城市的建设提供了强有力的政策支持和技术指导,推动了数字孪生城市的快速发展。

3.1.4　数字孪生城市的发展现状

　　党的十八大以来,国家高度重视发展数字经济,提出建设"数字中国",加快推进大数据技术和人工智能技术与实体经济的深度融合,如图 3-1 所示。国家"十四五"规划纲要更是将"加快数字化发展　建设数字中国"独立成篇,明确提出"以数字化助推城乡发展和治理模式创新,全面提高运行效率和宜居度",要"探索建设数字孪生城市",这对于新时期、新环境下的数字孪生城市建设提供了新机遇。截至 2021 年末,中国的城市化水平已经超过了 60%。随着城市管理的技术和手段逐渐提高,智慧城市建设初步有成效,数字孪生城市的概念也已纳入了各国的发展规划中。

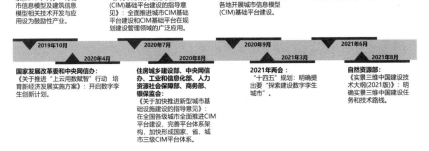

图 3-1　发展数字孪生城市相关政策文件

　　数字孪生技术,就是物理实体的数字映射系统,在设计制造、工程建设等领域的应用较为普遍。数字孪生城市是运用数字孪生技术在城市与数字模拟之间建立相互映射的关联关系。虽然数字孪生技术相对成熟,但是数字孪生城市目前处于探索建设阶段,需要产、学、研和用户共同努力,推动数字孪生城市的相关技术的不断发展。

　　目前,利用数字孪生城市提升城市治理智能化,促进城市可持续发展已成为许多国家的新发展理念。美国、英国、新加坡等国家均已开展了数字孪生城市建设,据预测,到 2025 年,已建成或正在建设的数字孪生城市将达到500 个左右。我国积极顺应全球数字化浪潮,从国家顶层战略布局数字孪生城市,出台了一系列政策,见图 3-1。国内许多城市,如上海、北京、南京、合肥、雄安新区等都积极推动数字孪生城市建设。

2021年10月,习近平总书记在主持中共中央政治局关于推动我国数字经济健康发展的集体学习中指出,要把握数字经济发展规律与趋势,"不断做强做优做大我国数字经济"。城市是经济社会发展重要承载空间,数字孪生城市是发展和带动数字经济的重要载体,助力城市以数字化为引领,推动城市规划建设治理服务整体性转变、全方位赋能、革命性重塑。

1) 数字孪生在我国的提出

2015年之后,数字孪生作为实现智能制造的有效途径,被国内外相关学术界和企业高度关注。在我国,北京航空航天大学的陶飞、张萌等人基于数字孪生提出了数字孪生车间的概念。同济大学的唐堂、滕琳等认为数字孪生是整合企业的制造流程,是实现产品从设计到维护全过程数字化的关键技术。工业互联网创新与生态发展专家Robert Plana认为,数字孪生最重要的价值是预测,在产品制造过程中出现问题时,可以基于数字孪生对生产策略进行分析,然后基于优化后的生产策略进行组织生产。

在城市规划领域,国家在"十四五"规划中明确提出要"分级分类推进新型智慧城市建设"和"建设智慧城市和数字乡村",而数字孪生城市作为智慧城市项目的基础性支撑建设在未来十年内都将是增量市场,且在"十四五"期间保持较快速的增长。

未来,数字孪生城市的用户将逐渐从政府侧延伸至企业侧,城市信息模型共建共享将成为主流模式。通过提供便捷的开发环境,政府可以向企业开放数字孪生城市底座,并以补贴或税收减免等政策鼓励企业应用公共平台开展业务转型和将运营数据接入平台,推动区域数字经济发展。

2) 数字孪生总体发展趋势

总体来说,城市数字孪生将成为智慧城市建设技术底座。北京市发布了《北京市"十四五"时期智慧城市发展行动纲要》,提出"加强市大数据平台汇聚、共享、开放等服务能力建设。积极探索建设虚实交互的城市数字孪生底座"。上海市发布了《全面推进城市数字化转型"十四五"规划》提出"加快推动城市形态向数字孪生演进,逐步实现城市可视化、可验证、可诊断、可预测、可学习、可决策、可交互的'七可'能力,构筑城市数字化转型'新底座'"。

同时,城市数字孪生将在智慧城市中迎来深度应用。据数据统计,2021年城市数字孪生相关公开招投标数量已达 200 多个,金额近百亿。城市数字孪生已成为政府数字化转型的新型赋能平台。

未来,更多的信息管理系统将会与三维信息模型进行信息嫁接,同时随着城市数字孪生技术的不断发展,实景三维的准确度也将从满足算法更高精度的过程演进,助力实现城市治理的快速升级。

3) 城市数字孪生的产业生态现状

随着技术的不断发展,城市数字孪生产业基于基础研究,已形成软、硬件一体化和自主化产品线。结合数字孪生安全和服务体系的发展,产业界已构建数字孪生应用体系,从而构筑起具有整体性、竞合性、开放性与丰富性的城市数字孪生产业生态。

其中,基础研究包括城市数字孪生的理论研究、标准研制、产业研究、专家智库和联盟协会等。城市数字孪生理论研究围绕系统工程及系统建模与仿真理论、模式识别、计算机图形学、数据科学等领域开展,而高校及科研院所是进行理论研究的主力。标准研制由标准化组织及企业、高校共同开展相关研究,涉及总体、数据、技术与平台、安全、运营和应用标准研究。此外,产业研究、专家智库、联盟协会分别从产业发展布局、专业咨询指导和行业生态整合等方面对城市数字孪生的整体发展提供支撑和资源。

3.1.5　数字孪生城市应用场景与市场格局

1) 城市规划和建设

数字孪生城市可以应用于城市规划和建设中,通过数字孪生技术对城市进行模拟和预测,提高城市规划和建设的效率和质量。例如,在城市交通规划中,可以通过数字孪生技术对交通流量进行模拟和预测,优化交通布局和交通管理。

2) 城市管理和运营

数字孪生城市可以应用于城市管理和运营中,通过数字孪生技术对城市进行实时监测和智能管理,提高城市管理和运营的效率和质量。例如,在城市环境管理中,可以通过数字孪生技术对环境质量进行实时监测和智能管理,提高环境管理的效果和效率。

3) 公共服务和设施

数字孪生城市可以应用于公共服务和设施中,通过数字孪生技术为市民提供更加便捷、高效、智能的服务和设施。例如,在智慧医疗中,可以通过数字孪生技术实现医疗服务的智能化和个性化,提高医疗服务的效率和质量。

4) 应急管理和安全

数字孪生城市可以应用于应急管理和安全中,通过数字孪生技术对城市进行实时监测和预警,提高应急管理和安全的效果和效率。例如,在城市消防中,可以通过数字孪生技术对火灾进行实时监测和预警,提高火灾扑救的效果和效率。

5) 市场格局

2022 年和 2023 年,国内数字孪生城市的年市场规模均突破 100 亿元,市场整体上处于上升和竞争趋势。在政府等多方政策下和标准化体系支持下,市场环境总体呈现一个良好和积极的发展前景。

3.2 基于数字孪生技术的智慧景观平台总体的构建及应用场景

3.2.1 基于数字孪生技术的智慧景观平台总体构架

1) 感知层:城市的感知神经

感知层是城市数字化转型的基石,它通过各类传感器、RFID、视频监控等设备收集城市的各类数据,实现城市运行状态的实时监控。例如,在城市交通管理中,感知层能够实时监测道路交通状况,为交通管理部门提供决策依据;在环境管理中,感知层可以监测空气质量、噪声污染等环境参数,为环境保护提供数据支持。

2) 网络层:数据传输的高速公路

网络层的主要任务是通过各种通信技术,如 WiFi、4G/5G、NB–IoT 等,将感知层收集的数据快速、准确地传输到应用层。网络层的稳定性和速度直接影响到应用层的服务质量和响应速度。例如,在智慧医疗中,网络层需要保证医疗数据的实时传输,确保远程诊疗的顺利进行。

3) 应用层:数字化服务的引擎

应用层是实现城市数字化服务的关键环节,它通过对接感知层和网络层的数据,提供各种智能化服务。例如,在智慧交通中,应用层通过分析感知层提供的交通数据,实现路况预测和智能调度;在智慧安防中,应用层能够实时监控城市安全状况,及时发现和处理安全事件。

4) 平台层:统一的数据处理中心

平台层作为整个技术架构的“大脑”,承担着数据存储、计算、分析和管理的任务。它通过对接感知层、网络层和应用层,实现数据的统一管理和服务。例如,在城市信息模型(CIM)中,平台层通过数据融合与治理,为各应用提供统一的数据支撑;在能耗仿真中,平台层通过数据挖掘与分析,为节能减排提供科学依据。

感知层、网络层、应用层和平台层相互依赖、相互促进,共同构成了一个完整的城市数字化服务体系。感知层的数据通过网络层传输到应用层,应用层根据这些数据提供智能化服务;同时,平台层对数据进行统一管理和服务,为各应用提供数据支撑。在这个体系中,每一层都发挥着独特的作用,共同推动城市的数字化进程。

3.2.2　基于数字孪生技术的智慧景观平台应用场景

智慧景观平台的应用场景主要涵盖以下几个方面。

导览服务:为游客提供基于位置的导览服务,包括实时的景点信息、地图导航和语音导览,方便游客更好地了解景区。

实时监控和安全保障:通过视频监控、传感器设备等获取特定区域的人流密度和流向流速等数据,进行实时预警,有效疏导拥堵,提高游览舒适度和安全性。

环境监测和保护:利用传感器监测景区的环境状况,包括空气质量、水质等,以确保景区的环境质量。同时,采取措施保护自然景观和文化遗产。

VR 和 AR 体验：利用 VR 和 AR 技术，为游客提供沉浸式的景区体验，包括虚拟导游、实景 AR 展示等，增加游客的互动性和娱乐性。

智慧照明：以地理信息系统（GIS）平台为基础，融合大数据、云计算、微电子等技术，实现路灯及能耗智慧化管理的系统平台。

休息系统：在休息设施中融入智慧技术，使原本功能单一的座椅、廊架等能够实现与游客的互动交流。例如，借助 AI 语音识别技术，为游客提供休息服务的同时，也能为其提供更加详细的景观介绍。

智慧养护：自定义养护策略，自动对绿植进行养护管理，实现远程浇水、喷雾等操作，并通过云服务器的 AI 学习算法更好地实施绿植的智能养护工作。

智慧安防监控：利用高清摄像头和智能监控系统，实现景区范围内的安全监控。智能安防系统可以识别异常行为、提醒管理人员，并加强景区的安全管理。

综上所述，智慧景观平台通过集成和应用各种技术，旨在提升游客的游览体验、提高景区的管理效率并保护环境，有助于实现景区的可持续发展。

— 第 **4** 章 —

基于数字孪生的生态人文类
智慧景观规划设计及应用

　　得益于计算机与通信技术的快速发展,数字孪生技术作为一种新兴的技术手段对各行业的支持作用日益增强。数字孪生技术促进了景观规划和景观设计手段的变革,同时促进二者更好地衔接和融合并以其模拟、预测、优化功能,为生态人文类智慧景观的实现提供了全新的方法。数字孪生技术通过创建物理世界的数字镜像,实现对物理实体的实时监控、预测和优化,为景观规划提供了前所未有的精准度和灵活性。

　　生态人文景观规划的理念强调景观与生态、文化的和谐共生。在规划设计中,要充分尊重和利用生态环境,融入地域文化特色,创造出既具有生态价值又富有文化内涵的景观。智慧景观管理系统是基于数字孪生技术的景观管理系统,通过建立智慧化的监控、管理、服务平台,实现对景观的实时监控、智能分析和优化调控。这一系统的构建有助于提升景观的管理效率和公众的游园体验。利用数字孪生技术,可以对景观生态系统进行模拟和优化。通过模拟不同环境下的生态系统运行状况找出最优的生态配置方案,提升景观的生态价值。

　　在景观规划设计中,融入人文历史元素是重要的设计思路。利用数字孪生技术,可以对历史文化遗产进行数字化建模和保护,使传统文化在新的景观中得以传承和展示。同时借助智慧景观管理系统,可以设计丰富的互动体验项目,吸引公众参与。例如,通过设置互动展示区、虚拟现实体验区等,让游客在游玩过程中深入了解景观的生态和文化内涵。

　　基于数字孪生的生态人文类智慧景观规划设计是一种创新的设计理

念。随着科技的不断发展,基于数字孪生的生态人文类智慧景观规划设计将在未来的景观建设中发挥越来越重要的作用。

数字孪生技术在生态人文类智慧景观规划设计中的主要应用在以下方面。

1) 精准模拟与规划

在生态人文类景观规划中,数字孪生技术首先通过高精度数据采集与三维建模,构建出环境的数字模型,不仅包含地形地貌、植被分布、水系流向等自然元素,还融入了人文遗迹、建筑风貌等人文元素,实现了对景观环境的全面还原。基于这一模型,规划者可以进行多种规划方案的模拟与评估,通过对比分析不同方案对景观环境的影响,选择最优规划方案。

例如,在古城墙保护中,数字孪生技术可以构建古城墙及其周边环境的数字模型,模拟不同修复方案对古城墙结构稳定性的影响,以及修复后的景观效果的呈现。通过对比分析,规划者可以选择既能有效保护古城墙结构安全,又能提升景观价值的修复方案。

2) 实时监控与预警

数字孪生技术通过集成传感器网络、视频监控等感知设备,实现对景观环境的实时监控。这些感知设备能够实时采集环境中的温度、湿度、光照、空气质量等参数,以及游客流量、行为模式等数据。基于这些数据,数字孪生系统能够及时发现并预警潜在的安全隐患或管理问题,为管理者提供及时有效的决策支持。

例如,在湿地公园管理中,数字孪生技术可以实时监测湿地水质、水位、生物多样性等关键指标,一旦发现水质污染、水位异常或生物种群减少等问题,立即触发预警机制,提醒管理者采取相应措施进行干预和治理。

3) 智能化运营与管理

数字孪生技术通过集成大数据分析、人工智能等技术,实现对景观运营管理的智能化升级。通过对游客行为、需求、偏好等数据的深度挖掘与分析,数字孪生系统能够精准预测游客流量、消费趋势等关键指标,为管理者提供科学的运营决策支持。同时,数字孪生系统还能够实现设施设备的智能化管理,通过远程监控、故障诊断、预测性维护等手段,提高设施设备的运行效率和使用寿命。

例如,在智慧景区中,数字孪生技术可以构建游客行为分析模型,根据游客的游览路线、停留时间、消费记录等数据,在交互平台上为游客提供个性化的游览推荐和优惠活动。同时,数字孪生系统还能够对景区内的设施设备进行实时监控和预测性维护,确保设施设备的正常运行和游客的体验。

4) 虚拟展示与互动体验

数字孪生技术通过虚拟现实(VR)、增强现实(AR)等技术,为游客提供沉浸式的虚拟展示和互动体验。游客可以通过佩戴 VR 头盔或 AR 眼镜等设备,在虚拟环境中漫游景观环境,感受景观的历史文化魅力和自然风光。同时,数字孪生技术还能够实现游客与景观环境的互动体验,如通过手势识别、语音识别等技术实现游客与景观元素的互动交流。

例如,在历史文化名城保护中,用数字孪生技术可以构建古城区的虚拟漫游系统,让游客在虚拟环境中自由穿梭于古城区的大街小巷,感受古城的历史韵味和文化底蕴。同时,数字孪生系统还能够提供丰富的互动体验项目,如通过 AR 技术让游客在现实中看到古建筑的虚拟修复效果或历史场景的重现等。

5) 可持续发展与生态保护

数字孪生技术在生态人文类智慧景观规划中的应用,还体现在可持续发展与生态保护方面。通过构建景观环境的数字模型并进行模拟分析,规划者可以评估不同规划方案对生态环境的影响程度,选择对生态环境影响最小的规划方案。同时,数字孪生技术还能够实现对景观环境生态指标的实时监测和预警,为生态保护提供有力支持。

例如,在生态公园规划中,用数字孪生技术可以构建公园内植被覆盖率、生物多样性、水质状况等生态指标的监测模型,并实时监测指标的变化。一旦发现生态指标异常或存在潜在生态风险时,模型立即启动预警机制并采取相应的生态保护措施。

数字孪生技术在生态人文类智慧景观规划中具有重要的应用价值。通过精准模拟与规划、实时监控与预警、智能化运营与管理、虚拟展示与互动体验以及可持续发展与生态保护等方面的应用,数字孪生技术为景观规划提供了全新的思路和方法。虽然在实际应用中仍面临一些挑战,但随着技术的不断发展和完善以及政策环境的不断优化,数字孪生技术在生态人文类智慧景观规划中的应用前景将更加广阔。

下面,本章将详细探讨数字孪生技术在生态人文类智慧景观规划中的应用案例。

4.1 基于数字孪生的城市智慧绿道的建设案例

数字孪生技术与城市绿道的融合为城市规划带来了全新的智能化和可持续发展的范式。通过在城市绿道建设中引入数字孪生技术,实现了对绿道系统的全方位监测、管理和优化。这一创新的结合使得绿道不再是单纯的休闲空间,更成为数字科技与生态环境的有机交融之地。

首先,数字孪生技术为城市绿道提供了实时模拟和设计优化的平台。规划者可以通过数字模型实时模拟植被的生长、绿道的使用情况等多种因素,从而更好地规划和优化城市绿道的布局和设计。这种前瞻性的规划有助于确保绿道系统更好地适应城市的发展和人们的需求。其次,数字孪生技术实现了对城市绿道环境的智能感知和监测。传感器网络与数字孪生系统相结合,能够实时监测环境参数,包括空气质量、温度、湿度等,为市民提供一个更安全、健康的户外运动环境。这种实时监测也为城市绿道的可持续性管理提供了数据支持,有助于及时发现和解决环境问题。此外,数字孪生技术为城市绿道引入了智能运动设备和个性化健康管理。跑步机、健身器材等智能设备通过数字孪生系统实现与平台的连接,用户可以实时获取个性化的运动数据和健康建议。这种数字化的运动体验提升了市民对绿道的使用体验,同时也为个体健康管理提供了更加科学和便捷的手段。最后,数字孪生技术通过社交互动和公众参与,促进了城市绿道的社区共建。用户可以通过数字平台分享运动成果、提出建议,甚至参与生态保护活动,使得城市绿道不仅仅是一个运动场所,更成为社区互动和共享的空间。因此,数字孪生和城市绿道的结合创造了更加健康、智能的社交和户外体验。

4.1.1　案例一：成都智慧绿道

项目名称：成都市环城生态区生态修复综合项目、智慧绿道项目（简称"成都智慧绿道项目"）

项目责任单位：成都天府绿道建设投资有限公司

项目实施情况：2022 年开始建设，2024 年成都智慧绿道计划新建绿道1 000 公里、总里程突破 8 000 公里，并实现 100 公里环城绿道智慧化管理全覆盖。计划新增便民服务设施 100 个，为市民提供更加便捷、智能的服务体验。项目通过数字化智能化方式，实现了公园绿道场景数据信息互联互通、治理服务有机统一、多元产业融合发展。

项目获奖情况：荣获国家文化和旅游部"2022 智慧旅游创新项目"称号以及"2022 世界智慧城市大奖·中国区"杰出中小企业大奖。

1) 项目背景

成都智慧绿道项目契合成都市美丽宜居公园城市的建设需要而生。绿道作为城市生态系统的重要组成部分，对于改善城市环境、提升市民生活质量具有重要意义。根据项目公布的信息，成都智慧绿道项目位于四川省成都市，规划总长度约 1.69 万公里，由三级绿道构成，其中 1 920 千米为区域级绿道、5 380 千米为城区级绿道和 9 630 千米为社区级绿道。

成都智慧绿道是一项结合数字孪生技术和城市绿道的创新项目，通过引入云计算、物联网、大数据及人工智能等技术，改变了过去重智能化基础设施建设、轻业务应用开发的弊端，实现了绿道管理的智慧化应用。

2) 应用内容

成都智慧绿道项目主要运用了以下数字孪生相关技术。

数字孪生建模：利用数字孪生技术，对绿道进行全面的数字化描述和建模创建一个与物理对象相对应的虚拟实体。模型能够模拟物理对象在现实环境中的行为特征，实现与物理对象的实时交互和同步更新，包括路况、人流、环境等信息。

智能监测与管理：利用绿道沿线部署的传感器网络，实时监测和控制，以实现更高效、精确和自动化的管理,包括人流密度监测、环境质量监测、安全隐患预警等。

智能服务:通过手机 App"天府绿道"等平台,游客可以实时查看绿道的路况、环境等信息,规划最优的出行路线并完成预约、支付等。

智慧运营:通过对绿道各项数据的分析,运营方可以了解市民游客的需求和偏好,制定更加精准的运营策略,提升绿道的运营效率和服务质量。

3) 案例亮点

成都智慧绿道项目,通过融合 App、微信小程序、公众号等多移动平台,构建了一个全方位、立体化的绿道生态系统,融合绿道内的餐饮、住宿、交通、游览、购物及娱乐等多元化场景,为游客打造智能化的服务体验。这一系统简化游客旅行流程,随时随地通过手机获取详尽的导览信息,迅速定位并导航至最近的公共厕所与智慧停车场,便捷查询景点介绍、活动预告、天气预报等各类信息。

该项目构建起一套精准的智能推荐系统,能够根据不同游客的兴趣偏好、历史行为数据、实时位置信息,为其量身定制游前规划、游中导航与个性化推荐。

项目有效提升了园区运营效率与品质,使得环城生态公园在维护和管理上都实现了显著的降本增效。据项目公布的数据,通过智慧化运营,每年降低人工成本 30%、降低能源成本 10%,并节省公园维护开支约 2.4 亿元。同时,还实现用水量节省了 75%,用电量节约了 10%。

项目配套的天府绿道 App 和微信小程序自 2020 年 9 月上线以来,注册用户已超过 40 万,累计服务人次超 50 万人次,累积商家资源达 1 050 余家。成都智慧绿道项目不仅提升了游客的出行体验,也为商家提供了精准的营销渠道,降低了运营成本。

4) 社会效益

借助成都智慧绿道项目,成都市民可以通过 App、微信小程序和公众号等数字化平台,获取线上导游导览、手机查找厕所、智慧停车场、信息查询等服务,极大地提升了出行体验。成都智慧绿道项目的实施也进一步激发了市民参与户外活动的热情,促进了市民的身心健康。

成都智慧绿道项目不仅为市民提供了便捷的服务,也为商家提供了精准的营销渠道。通过智慧绿道平台,商家可以展示自己的产品和服务,吸引更多的消费者。智慧绿道项目累积的 1 050 余家商家资源,为商业发展注入了新的活力。作为成都的重要旅游资源之一,智慧绿道项目的实施也进一步提升了成都的旅游吸引力,推动了成都旅游业的发展。

成都智慧绿道项目运用了大数据、AI、物联网、云计算等创新技术,为智慧城市建设提供了有力支撑。通过智慧绿道项目的实施,成都积累了丰富的智慧城市建设经验和技术储备,为未来的城市发展奠定了坚实基础。智慧绿道项目的实施也推动了城市治理的现代化。通过数字化手段,城市管理部门可以更加精准地掌握城市运行状况,及时发现问题并采取措施解决。

智慧绿道项目的实施增强了市民对城市的认同感和归属感。通过提供便捷的服务和舒适的休闲环境,智慧绿道项目让市民更加热爱自己的城市,愿意为城市的发展贡献自己的力量。通过数字化手段,智慧绿道项目将传统文化与现代科技相结合,为市民提供了更加丰富多彩的文化体验。

4.1.2　案例二:新加坡滨海湾花园

项目名称:新加坡滨海湾花园

项目责任单位:新加坡国家公园局

项目实施情况:新加坡滨海湾花园通过三维建模与虚拟仿真技术,实现花园内多个著名景点,如花穹、云雾林、擎天树丛等的三维仿真,可模拟不同天气、光照条件下的景观效果,实时监控游客流量、植物生长等动态变化,为游客提供丰富多彩的游览体验。

项目获奖情况:"冷却温室馆"获得 2012 世界建筑节(WAF)年度最佳建筑奖。

1) 项目背景

新加坡滨海湾花园项目是新加坡政府为实现"花园中的城市"愿景而精心策划的重大工程。滨海湾花园项目占地 101 公顷,位于新加坡市中心的滨海湾附近,紧邻滨海湾金融区。该项目由滨海南花园、滨海东花园和滨海中花园三个风格各异的水岸花园连接而成,每年接待游客超过 600 万人次。作为新加坡最大的海滨发展景观项目,该项目旨在通过打造一个集休闲、娱乐、教育于一体的绿色空间,提升城市居民的生活质量,同时吸引全球游客前来观光游览。通过种植大量植物,营造丰富的生物多样性,为城市居民提供亲近自然的机会。运用先进的环保技术和设计理念,实现能源和水的可持续循环,减少对环境的影响。作为新加坡的标志性景观之一,滨海湾花园将展示新加坡作为现代化都市与绿色生态和谐共生的典范。

设计理念方面,新加坡滨海湾花园注重自然与科技的融合,将自然美景与现代科技相结合,通过运用先进的建筑技术和环保材料,打造出一个既具有生态价值又具有科技感的绿色空间。其次注重可持续发展,项目在规划和设计过程中,始终遵循可持续发展的原则,注重能源和水的节约与循环利用。例如,擎天大树的部分"树冠"安装了光伏电池,可吸收太阳能供夜间照明;其他"树冠"则与植物冷室系统相连,作为排气口,实现空气循环。最后特别注重文化传承与创新,滨海湾花园不仅是一个展示自然美景的园林,还是一个传承和弘扬新加坡文化的场所。花园内的文化遗产花园通过不同的主题花园反映了新加坡多元文化的历史与传承。

新加坡滨海湾花园是一个融合了自然、艺术和科技的城市绿道项目,其中的"云雾林"和"花穹"成为新加坡的地标之一。数字孪生技术在整个滨海湾的规划、建设和管理过程中发挥了关键作用。

2) 应用内容

新加坡滨海湾花园项目主要运用了以下数字孪生相关的技术。

首先是三维建模与虚拟仿真技术被广泛使用。滨海湾花园内的各个景点,如花穹、云雾林、擎天大树等,都进行了精细的三维建模。这些模型不仅用于设计阶段的可视化展示,还可能在实际运营中用于虚拟游览、维护管理等方面。这种三维建模技术是数字孪生技术的重要组成部分,能够实现对物理实体的精确复制和仿真。通过三维模型,可以对滨海湾花园进行虚拟仿真,模拟不同天气、光照条件下的景观效果,以及游客流量、植物生长等动态变化。这种虚拟仿真技术有助于提前发现并解决问题,优化设计方案和管理策略。

其次是数据收集与分析技术,也就是滨海湾花园内部署了传感器网络,用于收集环境数据(如温度、湿度、光照强度等)、植物生长数据以及游客行为数据等。这些数据是数字孪生技术的核心输入,能够实现对物理实体的实时监控和动态模拟。收集到的数据会被用于分析滨海湾花园的运营状况、游客偏好以及植物健康状况等。通过分析数据,可以制定更加科学合理的管理策略,提高运营效率和服务质量。

还使用了可视化与交互技术。利用 VR、AR 等技术,可以将滨海湾花园的三维模型以更加直观、生动的方式呈现给游客和管理者。这种可视化展示技术有助于提升游客体验和管理效率。通过触摸屏、移动设备等交互设备,游客可以参与到滨海湾花园的虚拟游览中来,实现与三维模型的互动。同时,管理者也可以通过交互设备对三维模型进行编辑和管理,实现更加便捷的管理方式。

智能决策与优化技术也得到了应用。基于收集到的数据和分析结果,可以制定更加科学合理的决策方案。例如,根据游客流量数据调整游览路线、根据植物生长数据调整灌溉方案等。这些智能决策方案有助于提高滨海湾花园的运营效率和游客满意度。通过不断地收集数据、分析问题并优化决策方案,可以实现对滨海湾花园的持续优化和改进。这种持续优化机制是数字孪生技术的重要特点之一,能够确保物理实体始终保持在最佳状态。

3) 案例亮点

(1) 三维建模与虚拟仿真

应用情况:滨海湾花园的景观设计、建筑布局及游客流线等通过高精度三维建模实现。这些模型不仅用于可视化展示,还在实际运营中用于虚拟游览、维护管理等方面的模拟。

效果评估:三维建模提高了设计阶段的决策效率,确保了施工阶段的准确性,并为游客提供了更加丰富和互动的游览体验。虚拟仿真则有助于提前发现并解决潜在问题,如人流拥堵、植物养护难题等。

(2) 数据收集与分析

应用情况:滨海湾花园内可能部署了传感器网络,用于收集环境数据

（如温度、湿度、光照强度）、植物生长数据以及游客行为数据等。这些数据是数字孪生技术的核心输入，尽管当前可能并未完全整合到统一的数字孪生平台中。

效果评估：数据收集为滨海湾花园的精细化管理提供了有力支持，有助于优化资源配置、提升游客满意度并保障生态环境健康。然而，数据的有效整合和分析仍需进一步加强，以充分发挥其潜力。

（3）智能决策与优化

应用情况：基于收集到的数据，滨海湾花园可能已经开始运用智能决策系统来优化运营策略。虽然这些系统可能尚未达到完全意义上的数字孪生级别，但它们已经具备了数字孪生技术的一些关键功能。

效果评估：智能决策系统显著提高了滨海湾花园的运营效率和响应速度，有助于实现更加精准的资源调度和游客服务。然而，在决策过程中仍需更多考虑数据的实时性和准确性，以确保决策的有效性。

4) 社会效益

滨海湾花园的虚拟游览体验，使得游客可以在数字平台上预览园区景色、规划游览路线，甚至参与虚拟互动活动，从而提升游览的趣味性和个性化体验。通过交互平台，游客可以方便地获取园区内的实时信息，如景点介绍、活动安排、游客密度等，实现精准导航，避免拥堵和等待。

数字孪生技术可以集成传感器数据，实时监测园区的环境状况，如空气质量、水质、土壤湿度等，为环境管理提供精准的数据支持，有助于采取针对性的保护措施。基于数字孪生模型，可以对园区的资源使用情况进行模拟和优化，如灌溉系统、照明系统等，实现节能减排，促进可持续发展。

通过整合和分析大量数据，园区管理者可以获得科学的决策支持，更好地制定游客流量控制策略、优化设施布局等，提高管理水平。

滨海湾花园作为新加坡的标志性项目，其数字孪生技术的应用将起到良好的示范作用，推动相关技术的研发和应用，促进科技创新。

数字孪生平台可以作为科普教育的载体，向公众展示滨海湾花园的设计理念、生态价值和技术创新点，提高公众对环境保护和可持续发展的认识。通过数字孪生技术,可以记录和展示新加坡的历史文化和传统习俗,促进文化的传承与创新。

4.1.3　案例三: 北京奥林匹克公园智慧运动绿道

项目名称:奥森·Keep 科技智慧跑道

项目责任单位:北京奥林匹克中心区管理委员会、北京市朝阳区体育局、北京世奥森林公园开发经营有限公司、北京卡路里科技有限公司(Keep)等

项目实施情况:项目通过智慧大屏、跑步场景、跑步工具、跑步商品、跑步内容等服务的升级,为用户提供了智慧化、有陪伴感、有趣味性的运动体验。通过对跑道全路段改造,搭载智慧屏显,项目为用户提供运动热身提示、专业指导以及游戏化的健身运动体验。项目通过与 Keep App 联动,提供奥森专属路线语音包,优化用户的运动体验。

1) 项目背景

北京奥林匹克公园智慧运动绿道项目,特别是与 Keep 联合打造的"科技智慧跑道",是一个集科技、绿色、人文于一体的创新项目。奥林匹克森林公园跑道总长 18 公里,分别由三条长为 3 公里、5 公里、10 公里的跑道组成。这些跑道不仅满足了不同跑者的需求,还通过智慧化改造,成为了集运动、休闲、娱乐于一体的综合性运动场所。

北京奥林匹克公园,作为全球唯一一个历经过夏季奥运会和冬季奥运会的"双奥公园",不仅承载着丰富的历史文化遗产,还是现代体育精神和科技创新的展示窗口。随着全民健身理念的深入人心,以及科技在体育运动中的广泛应用,奥林匹克公园与 Keep 等线上运动健身平台的合作应运而生,旨在通过智慧化手段提升公众的运动体验,推动全民健身事业的发展。

该项目的主要目标是通过智慧化手段对奥林匹克公园内的运动绿道进行升级改造,引入数字孪生技术打造了智慧运动绿道,通过模型将现实绿道精确映射到数字平台上,实现对绿道的各个方面实时监控和优化管理,并为跑者提供智慧化、陪伴感、趣味性的运动体验。同时,通过线上线下融合的方式,降低大众的运动门槛,提高大众参与全民健身的意愿和积极性。

设计理念方面,首先是注重运动绿道智慧化的建设,通过智慧大屏、跑步场景、跑步工具、跑步商品、跑步内容等全方位服务升级,为跑者提供智能化的运动体验。例如,智慧大屏可以实时显示跑者的运动数据、运动轨迹等信息;跑步工具则包括智能手环、智能手表等设备,帮助跑者更好地监测自己的运动状态;其次,注重运动绿道的绿色化,奥林匹克公园作为绿色奥运理念的践行者,其智慧运动绿道项目也充分体现了绿色生态的理念。通过雨洪利用、太阳能光伏发电等环保措施,实现了对自然资源的有效利用和环境保护。最后,注重设计的人性化,项目注重跑者的需求和体验,通过线上线下融合的方式,为跑者提供全方位的服务和支持。例如,线上平台可以提供运动教程、社区互动等功能;线下则设有休息区、饮水站等设施,方便跑者进行休息和补给。

2) 应用内容

北京奥林匹克公园智慧运动绿道项目主要运用了以下数字孪生相关的技术。

利用数字孪生技术,建立了奥林匹克公园绿道的虚拟模型。规划者可以实时模拟不同植被配置、跑道设置等方案,以优化绿道的设计,确保其在生态与休闲功能之间的平衡。

在数字孪生模型中嵌入环境传感器数据,实现对空气质量、温度、湿度等环境参数的实时监测。数字孪生技术确保监测结果的准确性,为市民提供一个健康宜居的户外运动环境。

将智能运动设备与数字孪生系统整合,实现对跑步机、健身器材等设备的实时监控。用户的运动数据直接反映在数字孪生模型中,为用户提供个性化的运动建议。

利用数字孪生技术,实现对绿道植被、道路状况、设备状态等的远程监测。管理团队可以根据实时数据调整绿道的使用规则,保证其在高峰时段的合理利用。

3) 案例亮点

通过数字孪生技术构建的虚拟绿道模型,该项目为游客提供了个性化的导览服务。游客可以方便地获取绿道信息、规划游览路线,并根据自身兴趣获得定制化推荐,大大提升了游览的便捷性和趣味性。智慧座椅、智能垃圾桶、智能健身设备等智能设施的引入,不仅为游客提供了更加舒适、便捷的服务,还通过数据分析为游客提供了个性化的健康建议和运动指导,增强了游客的参与感和体验感。

数字孪生技术能够实时监测绿道设施的状态和运行情况,通过数据分析预测潜在故障并提前进行维护,降低了故障发生的概率和维修成本。同时,系统还能对绿道的人流量、环境参数等进行统计和分析,为绿道的管理和规划提供科学依据,提高了运营效率。结合视频监控和智能识别技术,数字孪生技术实现了对绿道全天候的安全监控。系统能够实时监测异常情况并快速响应,有效保障了游客的安全和绿道的正常运行。

通过数字孪生技术的应用,绿道的管理部门可以更加精准地掌握游客的需求和行为习惯,从而优化资源配置和服务供给。例如,根据人流量数据调整公共设施的布局和数量,提高资源利用效率。数字孪生技术还可以帮助绿道实现环保节能的目标。通过监测环境参数并自动调节设备运行状态,如智能照明系统根据人流量和天气条件自动调节亮度和色温,减少了能源浪费和碳排放。

数字孪生技术为绿道的管理部门提供了丰富的数据支持。通过对这些数据的深入挖掘和分析,管理部门可以更加科学地制定管理策略和规划方案,提高决策的科学性和精准性。

4) 社会效益

智慧运动绿道项目通过引入智能健身设备、提供个性化运动指导和健康建议,激发了市民的运动兴趣,促进了全民健身的普及和发展。这有助于提升公众的健康意识和身体素质,减少慢性病的发生。利用数字孪生技术,绿道能够实时监测游客的运动数据,提供科学的运动指导和建议。这有助于游客更加合理地进行体育锻炼,避免运动损伤,提高运动效果。

作为北京奥运会的重要遗产,奥林匹克公园本身就具有极高的知名度和影响力。智慧运动绿道项目的实施,进一步提升了该区域的科技含量和现代化水平,使其成为展示北京城市形象的新名片。智慧运动绿道项目的独特性和创新性吸引了大量游客前来参观和体验。这不仅丰富了市民和游客的休闲生活,还带动了周边区域的经济发展。

　　智慧运动绿道项目充分运用了数字孪生、物联网、大数据等前沿技术,实现了科技与体育的深度融合。这不仅推动了体育产业的数字化转型和升级,还为科技产业的发展提供了新的应用场景和动力。通过线上线下的融合融通,智慧运动绿道项目创新了体育运动的参与方式和体验模式。这种创新模式有助于吸引更多年轻人参与体育运动,推动体育产业的可持续发展。

　　数字孪生技术的应用使得绿道的管理更加智能化和精细化。管理部门可以实时掌握绿道的运行情况和游客需求,及时调整管理策略和服务内容,提升公共服务水平。智慧运动绿道项目提供了便捷的导览服务、智能健身设备、智慧座椅等公共服务设施,为游客提供了更加舒适、便捷的运动体验。这有助于提升游客的满意度和幸福感。

4.2 基于数字孪生的智慧生态资源保护规划与实践

4.2.1 案例一:开化县林业数字孪生智治系统

　　项目名称:开化县数字孪生智慧林业项目

　　项目责任单位:浙江省衢州市开化县林业局

　　项目实施情况:项目集成物联网、遥感、无人机、激光雷达等多种先进数据采集和处理技术,实现县域森林资源数据的动态刷新和实时监控,建成包括森林病虫害防治(松材线虫病)在内的8大功能模块。项目通过绘制"松材线虫病发生情况一张图",建立了病虫害防治闭环管理模型,实现了从网页端到客户端和手机端的三端联动。

1) 项目背景

　　随着人类社会的发展和对自然资源的需求日益增长,林业作为自然资源的重要组成部分,被视为实现可持续发展的关键领域之一。在这样的背景下,智慧林业数字孪生技术应运而生,成为推动林业生态保护的重要工具。

开化县地处浙西三省交界，是国家级生态县，长三角地区唯一的国家公园体制试点区。县域内山地占比高，森林资源丰富，共有林地 287.3 万亩 (2022 年)，森林覆盖率达 80.96%(2022 年)。这样的地理和资源条件为林业数字孪生智治系统的建设提供了坚实的基础。

开化县虽然林业资源丰富，但也面临许多困境，包括森林资源保护难、林下经济发展难、固碳增汇提升难等困境。传统的林业管理方式已经难以满足现代林业发展的需求，亟需通过数字化手段提升林业治理能力和水平。

近年来，国家高度重视林业数字化发展，提出了"智慧林业"建设目标。开化县积极响应国家号召，主动顺应林业数字化发展大势，依托浙江省数字林业系统，创新林业管理方式。"十四五"规划明确提出要开展"智慧林业"建设工作，这为开化县林业数字孪生智治系统项目的建设提供了政策支持和方向指引。开化县林业局主动顺应数字化发展大势，谋划建设"数字孪生智慧林业"场景。目前，该场景已在开化县林场宋家林区建成孪生试点区，建成 8 大功能模块，其中，重点完成森林病虫害防治(松材线虫病)场景深化搭建，绘制完成开化县"松材线虫病发生情况一张图"，建立病虫害防治闭环管理模型，实现了网页端、客户端和手机端三端联动，已纳入浙江省数字孪生第二批改革试点。

2) 应用内容

开化县林业数字孪生智治系统中数字孪生相关技术主要运用在以下方面。

通过"实时＋史料"，建立数字孪生本底模型。通过利用终端传感器设备，以及物联网、遥感等技术，精确采集森林资源变化即时数据和生产经营相关数据，结合运用无人机、激光雷达、多高光谱等先进数据采集设备，对重要数据进行点云成像，通过与森林资源本底历史数据比对、核查及导入，完成数字孪生本底数据模型建立。"数字孪生智慧林业"场景累计整合林木资源数据约 45 万条、林业经济作物数据约 3 万条、环境因子数据约 10 万条、管理因子数据约 2 万条，实现了对孪生试点区域的林业资源概况数字化、全景化、实景化展示，且实现各项数据的及时刷新和实时更新。

通过"共建＋共享"，打通部门数据信息壁垒。项目与浙江省林业空间管理平台、浙江省地理信息管理平台、钱江源国家公园管理局信息化管理平台、开化县森林火险预警信息发布平台等平台就获取空间治理底图、实现森林灾害预警等开展共享,与省林业局、省测绘院、县应急管理局、县气象局等单位针对环境因子、林木因子、管理因子及林下经济等 4 大类 120 余张基础数据表进行共建,打通空间治理大数据库,构建跨部门治理"一张图"。

通过"科研＋应用",搭建林业智慧应用场景。结合当前林业工作需要,与省林勘院、浙江农林大学等多家科研单位、专业院校开展深度合作,进行病虫害防治、碳储碳汇、林下经济发展等深化研究,科学制定场景模型。针对当前森林病虫害防治(松材线虫病)过程"发现难、定位难、监管难"的难题,确立并构建了"智能规划、智能识别、智能除治、智能核查"四大核心功能。

3) 案例亮点

开化县数字孪生智慧系统案例亮点主要集中在以下几个方面。

一是提升森林资源管理能力。该系统汇集了来自钱江源国家公园管理局、农业农村、气象等部门 70 余万条森林生态资源数据,并通过物联网、遥感等技术实时采集森林资源变化数据,实现了森林资源数据的动态刷新和实时更新。这为管理者提供了全面的、最新的森林资源信息,有助于更精准地制定管理策略。通过调取林木林地资源、生态环境数据,与林下中药材适宜种植条件进行比对分析,系统智能筛选出 38 万亩规划种植区域。经营主体可根据自身发展需要,一键智配项目选址,大大提高了选址的精准度和效率。

二是促进林下经济发展。该系统为林下经济发展提供了精准指导,帮助企业和农户选择适合种植的区域和作物。目前已有二十余家企业通过智能选址进驻开化,种植面积超过 2.4 万亩。同时,通过流转山林、合作经营等模式,建立了"企业＋村集体＋农户"共富联盟,带动了当地农民增收致富。

三是增强森林灾害防控能力。针对森林病虫害防治等难题,该系统构建了"智能规划、智能识别、智能除治、智能核查"四大核心功能。通过无人机等先进设备采集数据并实时上传至系统,系统能够第一时间锁定疫木并精准传输疫木位置、发病情况等数据至护林员手机上,形成闭环管理。这大大提高了病虫害防治的效率和准确性。

四是推动林业碳汇管理。该系统初步实现了林业碳汇的"一键分析"，有助于管理者更好地了解林业碳汇情况并优化管理策略。通过数据分析和预测，可以为林业碳汇交易和林业碳汇项目提供有力支持。

4) 社会效益

开化县林业数字孪生智治系统的社会效果显著，主要体现在提升林业管理效率与精确度。

智慧林业管理系统提供了可视化的管理界面和决策支持功能，使管理者能够直观地看到林区的情况并实时监控林区动态。这有助于管理者及时发现问题并制定出合理的管理策略，从而提高了林业管理的效率和精确度。通过试验得出，森林数字孪生技术提高了数据的时效性和一致性，增强了分析处理的交互性和参与性，提升了森林经营管理决策的效率和水平，为全周期森林保护、经营、管理与决策提供一体化、智能化协同技术解决方案。

4.2.2 案例二：婺源县智慧水务数字孪生项目

项目名称：数字孪生乐安河流域建设项目

项目责任单位：江西省水利厅、婺源县水利局等

项目实施情况：数字孪生乐安河流域建设项目已全面完成，并通过了相关部门的验收和评估。项目成功运用了数字孪生技术，实现了乐安河流域防洪应用的数字化场景、智慧化模拟和精准化决策目标，并搭建了三维数字孪生场景，为防洪决策提供了科学支撑。

项目获奖情况：水利部 2022 年数字孪生流域建设先行先试推荐应用案例、2023 年数字孪生水利建设典型案例。

1) 项目背景

2023 年 2 月，中共中央、国务院印发《数字中国建设整体布局规划》，提出"构建以数字孪生流域为核心的智慧水利体系"。如今，随着应用场景不断拓展，数字孪生流域建设正在防洪预警、供水调度、污染防治等方面发挥积极作用。

江西省婺源县地处山区,受自然地理条件影响,暴雨强度大、山洪来势猛,洪水等自然灾害频发,对当地人民群众的生命财产安全构成严重威胁。因此,构建一个高效、智能的水务管理系统显得尤为迫切。过去,婺源县在防洪预警、供水调度等方面主要依赖人工测算和协调各部门数据,这种方式存在预测预警不够及时、准确的问题,难以满足实际管理的需要。

2017 年,在水利部的支持下,江西省水利厅开始建设乐安河数字孪生流域项目。2020 年,婺源智慧水文业务服务平台开始试运行。该平台集纳了综合信息服务、三维虚拟演示、洪水预报预警等功能,实现了对雨情、水情等数据的实时监测和智能分析。

通过智慧系统,婺源县能够实现对洪水等自然灾害的快速、精准测报。

2) 应用内容

数字孪生乐安河流域建设项目主要运用了以下数字孪生相关技术。

洪水预报预警系统:婺源县通过构建智慧水文业务服务平台,集成了综合信息服务、三维虚拟演示等功能。该平台能够利用空天地一体化数据感知体系,将雨量、地表径流量、蒸发量、水位等要素汇聚在同一模型内,通过科学计算得出洪水可能发生的情况,提高运算效率和预报准确性。

供水调度:在供水调度方面,数字孪生技术也发挥了重要作用。通过远程控制系统和实时监测系统,婺源县实现了对灌溉水量的精准控制和按需配水,有效提高了水资源的利用效率。在婺源县水利局防汛抗旱指挥部,登录婺源智慧水文业务服务平台,大屏幕上可以看到该系统集纳了综合信息服务、三维虚拟演示、洪水预报预警等功能。相比以往用单一指标判断或者人力测算,该智慧系统作为监测要素齐全的空天地一体化数据感知体系,可将雨量、地表径流量、蒸发量、水位等要素汇聚在同一模型内,通过科学计算得出洪水可能发生的情况,提高运算效率和预报准确性。根据运算结果生成的蓝色区域,预报了在一定参数范围内洪水可能淹没的范围,可做到快速、精准测报。

污染防治与水质监测:虽然具体案例未直接指向婺源县,但数字孪生技术在污染防治方面通常能够实现对水质的实时监测和预警。通过构建数字孪生模型,可以模拟不同情境下的水质变化,预测潜在的污染风险,并提前采取措施进行预防和治理。在发生水质异常事件时,数字孪生技术可以辅助进行污染源追溯,快速定位污染源头,为应急响应提供决策支持。

智慧水务管理平台:数字孪生技术为婺源县智慧水务项目提供了一个集成化的管理平台,能够整合各类水务数据和信息,实现智慧化模拟和精准化决策。通过该平台,可以实时监测水务设施的运行状态,及时发现并解决问题,提高水务管理的效率和质量。

3) 案例亮点

数字孪生技术在江西省婺源县智慧水务项目中的应用,产生了显著的效果,主要体现在以下几个方面。

一是洪水预报预警能力的提升。通过数字孪生技术,婺源县构建了气象卫星和测雨雷达、雨量站、水文站组成的雨水情监测预报"三道防线",实现了对流域雨水情的实时监测和预报预警。在 2022 年 6 月的乐安河洪水中,该系统提前 15 小时发布自动预报告警,提前 7 小时发出较为准确的预报信息,预报洪峰流量误差为 45 立方米每秒,预报洪峰水位误差 0.22 米,预报洪峰出现时间误差为 30 分钟,为防洪决策和地区应急工作赢得了更多的应对时间。基于精准的预报信息,婺源县能够迅速组织紧急避险转移工作。例如,在 2023 年 6 月的一次洪水过程中,地方紧急避险转移了 1 322 人,紧急转移安置了 106 人,有力保障了人民群众的生命财产安全。

二是水务管理的智能化与精细化。数字孪生技术为婺源县提供了一个集成化的水务管理平台,能够整合各类水务数据和信息,实现智慧化模拟和精准化决策。这有助于提升水务管理的效率和质量,减少人为错误和决策失误。通过数字孪生模型,可以实时监测水务设施的运行状态,及时发现并解决问题。例如,在灌溉过程中,利用数字孪生渠系智能配水和闸群联合调度系统,可以实现从上游进水闸到下游取水闸的全渠道水量自动控制、按需配水,提高灌溉效率和节水效果。

三是污染防治与水质监测的强化。数字孪生技术可以实现对水质的实时监测和预警。通过构建数字孪生模型,可以模拟不同情境下的水质变化,预测潜在的污染风险,并提前采取措施进行预防和治理。这有助于保护水资源环境,维护水生态平衡。在发生水质异常事件时,数字孪生技术可以辅助进行污染源追溯,快速定位污染源头,为应急响应提供决策支持。这有助于减少污染事件的影响范围和时间,保护人民群众的生命健康。

4) 社会效益

通过提升洪水预报预警能力,婺源县能够更有效地应对洪涝灾害,减少灾害带来的损失。这有助于保障人民群众的生命财产安全,维护社会稳定和谐。

通过智能化和精细化的水务管理,婺源县能够更合理地利用水资源,提高水资源的利用效率和质量。这有助于促进水资源的可持续利用,为当地经济社会的可持续发展提供有力支撑。

通过智慧水务项目的实施,婺源县的水环境得到了显著改善,洪水预警和污染防治能力的提升使得居民的生活环境更加安全、舒适。政府通过数字孪生技术在水务领域的成功应用,展示了其在公共服务领域的创新能力和管理水平,增强了公众对政府的信任和支持。

综上所述,数字孪生技术在江西省婺源县智慧水务项目中的应用,在防洪预警、供水调度、污染防治等方面发挥了积极作用,带来了显著的社会效益。

4.2.3 案例三: 数字孪生三峡项目

项目名称:数字孪生三峡项目

项目责任单位:水利部信息中心、长江水利委员会(长江委)、三峡集团等

项目实施情况:数字孪生三峡项目初步建成了数字孪生三峡系统,根据长江水位变化,跟踪分析长江中下游超警堤防情况和洲滩、民垸运用风险,解决了传统水动力学模型在模拟洲滩、民垸、蓄滞洪区组合运用所面临的计算耗时较长问题,实现了秒级调度响应支撑。

1) 项目背景

数字孪生三峡系统的建设是提升国家水安全保障能力的重要支撑,也是数字孪生流域建设的重要组成部分。水利部在 2022 年 2 月印发了《关于

开展数字孪生流域建设先行先试工作的通知》,明确在重要水利工程中开展数字孪生系统建设先行先试,并将三峡工程列为先行先试对象之一。

数字孪生三峡系统旨在以智慧水利建设为引领,全面整合已有信息化成果,构建三峡工程坝区管理范围内 L3 级数据底板,升级完善三峡工程及三峡水库水利感知网、水利信息网、水利云等信息化平台,补充优化完善水利专业模型、智能识别模型及可视化模型,实现三峡工程及库区物理全要素和运行安全管理全过程的数字化映射、智慧化模拟。

2) 应用内容

(1) 数字孪生三峡安全体系搭建:基于三峡工程具体需要,打造"工程＋流域"综合效益模式,不仅要考虑到三峡自身工程安全管理,还要考虑到三峡在长江流域调度管理中的作用,将数字孪生三峡视为这 1 400 多公里河段的关键节点去统筹建设,因此,建立有效的安全体系尤为重要。系统建设时统筹考虑三峡工程枢纽自身运行安全和空间范围内的水库库容安全、地质安全、水质安全、防洪安全、供水安全、航运安全、发电安全、生态安全及三峡后续工作管理等业务需求。数字孪生三峡按照防洪精准调度、三峡枢纽工程运行安全管理、三峡水库运行安全管理、三峡后续工作管理及综合决策支持五大应用板块构建业务应用,积极推进实体工程与数字孪生工程同步交互映像,实现工程按照流域管理要求实施调度管理,以确保三峡工程长期安全稳定运行,更好地发挥工程综合效益。

(2) 整合共享多方位构建系统:数字孪生技术是对物理世界及其行为的即时映射和模拟,数字孪生三峡也是为物理世界中的三峡大坝打造出的一种"数字映射世界",三峡水库各项关键数值和实时画面显示在屏幕上,水流、水位、水质、泥沙,都有其数字触角,空中雨滴、地面水域、水下地形,都有其精准坐标。除了实时即时映射,通过数字孪生技术,还可以看见"过去",也可以"窥见"(预测)未来,更可以模拟各种可能发生或者不会发生的场景。

按照总体计划安排,在数据底板建设、防洪精准调度、三峡枢纽工程运行安全管理和三峡水库运行安全管理等方面开展先行先试,优先提升三峡工程防洪"四预"功能。同时,推进三峡水库库容管理智慧化建设,为数字孪生水利建设探索解决方案。生于数据，长在云端，以技术为基石，以应用为根本。长江委积极开启智能建造数字孪生三峡新篇章，探索建设聪明的"智慧三峡"。

数字孪生三峡建设总体框架主要由信息化基础设施、数字孪生平台(含数据底板、管理众多模型的模型平台，以及提供人工智能的知识平台)、业务应用、网络安全体系和保障体系等组成，以实现各类资源集约节约利用和互通共享。

(3) 业务应用构建：系统构建了四方面的应用。首先是防洪精准调度。数字孪生三峡项目在防洪精准调度方面取得了显著进展，提高了库区洪水预报调度精度及预报要素时空分辨率，提升了库区防洪安全分析与调度决策能力。同时，通过"正向预演-逆向推演"防洪预报调度业务体系，实现了多目标、多约束的水工程群调度方案生成。

其次是三峡枢纽工程运行安全管理。项目基于枢纽主体工程 L3 级数据底板，实现了三峡大坝安全监测数据自动化采集、存储管理、计算分析、评价预警等功能，并开展了"基于惯导技术的室内智能巡检"等数字孪生融合应用。

再次是三峡水库运行安全管理。在三峡水库运行安全管理方面，项目通过库容冲淤动态监控模块，实时动态掌握三峡水库库容冲淤时空分布状况，并在线分析模拟计算，为三峡水库科学调度和库容长期使用提供技术支撑。

最后是三峡后续工作管理。项目完善了三峡后续工作项目管理"一张图"，建立了项目库、政策库、案例库，实现了滚动项目库和年度实施方案线上申报审核、重点项目进度动态跟踪、三维展示和初步智能管控等功能。

3) 案例亮点

数字孪生在数字孪生三峡项目中的案例亮点显著，主要体现在以下几个方面。

提升防洪精准调度能力：数字孪生三峡项目通过构建多源数据融合的数据底板和系列预报模型，显著提高了库区洪水预报调度精度及预报要素时空分辨率。在长江 1 号洪水防御工作中，数字孪生三峡项目利用数字孪生行蓄洪空间平台预警研判模块,跟踪分析长江中下游超警堤防情况和洲滩民垸运用风险情况,为长江委防御局提供了精准的靶向预警信息,助力及时组织巡堤查险和人员转移。项目中的决策仓和视图交互功能,能够秒级响应调度需求,快速生成并优化调度方案,显著提高了决策效率。

增强工程运行安全管理:基于枢纽主体工程 L3 级数据底板,数字孪生三峡项目实现了三峡大坝安全监测数据的自动化采集、存储管理、计算分析和评价预警,有效提升了工程运行安全的实时监测和预警能力。项目还引入了基于惯导技术的室内智能巡检等数字孪生融合应用,进一步提升了工程巡检的智能化水平。

优化水库运行管理:数字孪生三峡项目中的库容冲淤动态监控模块,能够实时动态掌握三峡水库库容冲淤时空分布状况,并在线分析模拟计算,为三峡水库科学调度和库容长期使用提供了技术支撑。项目还开发了多方案对比分析预演功能,通过模拟不同调度方案下的库区淹没损失和风险情况,为调度决策提供了丰富的参考信息。

提升综合管理能力:数字孪生三峡项目围绕防洪精准调度、三峡枢纽工程运行安全管理、三峡水库运行安全管理、三峡后续工作管理及综合决策支持等五大业务板块,构建了全面的业务应用体系,实现了多业务协同和信息共享。项目通过数字孪生技术实现了三峡工程及库区物理全要素和运行安全管理全过程的数字化映射和智慧化模拟,为提升三峡工程综合管理能力提供了有力支持。

综上所述,数字孪生在数字孪生三峡项目中的案例亮点显著,不仅提升了防洪精准调度能力、增强了工程运行安全管理水平、优化了水库运行管理策略,还提升了三峡工程的综合管理能力。这些成效的取得离不开水利部、长江委、三峡集团等参建单位的共同努力和持续投入。未来,随着数字孪生技术的不断发展和应用深化,数字孪生三峡项目将在保障三峡工程长期安全稳定运行和发挥综合效益方面发挥更加重要的作用。

4) 社会效益

2023 年以来,数字孪生三峡各建设单位按照"大时空、大系统、大担当、大安全"的工作要求,以保障三峡工程"十大安全"、效益充分发挥为目标,有序推进数字孪生三峡 2023 年度建设任务。项目团队初步搭建数字孪生三峡流域级数据底板框架,攻克模型平台及知识平台建设等关键技术。在此基础上,项目团队充分运用数字孪生三峡工程建设提供的数据、算法、算力,对业务管理开展流程再造,优化完善三峡工程建设和运行管理模式,使得四项业务应用取得重要进展,在支撑流域管理和工程调度运行管理方面取得了初步效益,具体效益为以下几方面。

(1) 在防洪精准调度方面:在预报调度一体化基础上提升了洪水预报精度,构建了国产化水动力学模型和调度方案对比分析预演功能,初步完成了知识图谱驱动的水工程实时调度模型建设。项目系统可有效支撑调度方案快速计算、智能调度预演分析及调度方案精准决策。同时可对历史典型洪水进行还原分析计算,构建了天然历史典型洪水本底资料库,并基于现状工程条件,结合水利工程调度规则,对历史洪水进行复盘预演,提炼典型洪水调度策略,为水利工程实时调度提供参考。结合预报调度专业模型库,项目系统可实现流域多尺度、多模型产汇流计算,考虑三峡水库的来水区域和调度影响区域,还可开展全流域覆盖范围的水文气象预报;可实现流域水模拟体系与数字孪生体系的耦合互馈、快速完成全流域预报调度体系计算,整体提升流域水模拟的展示效果,优化水模拟体系,提高模拟精度。项目围绕堤防、洲滩、民垸与蓄滞洪区,初步构建了知识提取、关系组织与图谱存储的技术体系,完成了长江中下游行蓄洪空间防洪调度知识图谱研发,对河湖水文情势变化与防洪目标险情灾情态势演变之间的复杂协变关系进行了解析与结构化存储,并基于蓄滞洪区调度响应关系的行蓄洪模拟与水动力学模型的计算结果,实现了长江中下游防洪形势智能分析与研判,可结合实时水情、工情快速分析出险堤防与影响防洪保护区的时空分布。

(2) 在三峡枢纽工程运行安全管理方面:创建了三峡大坝工程安全多维度数据采集体系,搭建了三峡坝区重点范围内 L3 级数据底板,研发了大坝安全监测类分析模型,并建立了电子化工作流程,首次实现了基于大坝运行安全预报、预警、预演、预案的智能辅助决策应用,切实提升了三峡工程运行安全管理技术应用水平和监管时效性。项目还引入大坝结构安全行业内最为成熟的机理模型,探索性地使用基于数据驱动的人工智能算法模型,多措并举地实现大坝安全性态预报;通过数字化汇总三峡枢纽工程运行管理行业专家经验和结构化总结枢纽工程多年运行形态变化规律,形成大坝安全风险信息化指标并实时分析安全潜在风险;构建三峡大坝重点区域 L3 级数据底板,运用有限元结构计算,精细化预演三峡大坝安全状态;项目还收集了不同特殊工况下的安全应急预案。

(3) 在三峡水库运行安全管理方面:水库运行安全管理是数字孪生三峡建设的重要内容。围绕库容安全、水质安全和生态安全,项目分别建设了涉河建设项目监管、库容冲淤动态监控、排污口跟踪以及水华预警与防控四项业务应用。

涉河建设项目监管业务应用实现跟踪监测三峡水库管理范围内的关于涉河建设项目的许可、建设、监管情况,分析涉河建设项目的防洪影响并防止违规侵占三峡水库岸线。应用包括综合台账,防洪三维预演等内容。该业务应用构建了涉河建设项目智能识别模型和水域岸线利用变化检测模型,形成了面向河湖水域岸线监测的遥感智能解译样本集,构建的模型在测试集上均有较高的精确率和召回率表现。

库容冲淤动态监控业务应用围绕三峡水库库容的科学管理,自主研发了三峡水库一维水动力模型、三峡库区动库容计算模型和三峡水库一维水沙数学模型,包括开发了泥沙冲淤监测、库容变化监测、泥沙调度预演模拟等功能,可实时提供泥沙冲淤、静库容变化、动库容变化等监测与预测成果,动态掌握三峡水库库容状况,实现库区减淤调度模拟和调度影响评估,为三峡水库库容长期可持续利用及维护库容安全提供技术支撑。

排污口跟踪管理业务应用聚焦三峡库区重点排污口排污情况智能化识别、排污口超标排放事件对库区水质影响的智慧化模拟以及排污口监管精细化需求,采用红外热成像技术、在线监测技术、遥感影像反演技术和水动力水质模型技术,构建了排污口水质监测、排污口"四预"、视频监控、排污口遥感影像监测、污染总量计算等功能模块,使用 AI 识别排污口排放情况,实现库区各类排污口排污实时动态监管及未来 3 天污染物扩散预测分析。

水华预警与防控业务应用重点聚焦三峡库区重点支流库湾水华事件智慧化模拟、水华防控精准化决策的需求,融合监测感知、遥感反演、数据驱动、机理模型等技术,新建水华信息管理和水华"四预"(藻情预测、水华预警、场景预演、预案管理)等功能模块。该业务应用可集成库区藻类水华定点监测、视频监控数据、重现期不低于 12 天的遥感影像数据等多源数据,实现三峡水库全库区—重点区域—关键点位水华信息数据多维展示,同时通过自动调用藻类预测模型,可开展库区藻类时空分布演进过程在线模拟计算,结合水华预警规则和阈值,实现库区短期的水华事件快速预测预警。

4.3 基于数字孪生的智慧生态环境管理的设计与实践

4.3.1 案例一：新加坡国家级数字孪生模型

项目名称:新加坡国家级数字孪生模型

项目责任单位:新加坡土地管理局

项目实施情况:项目结合了三维实景建模、激光雷达、自动图像捕捉等多种技术,实现了对新加坡全国范围的高精度三维测绘和建模,涵盖了新加坡地理空间、法律空间和设计空间等多维度信息。

1) 项目背景

新加坡是世界上人口密度第二大的国家(2024 年数据),土地资源稀缺,城市化进程快速。这带来了交通拥堵、环境污染、资源短缺等一系列挑战。为了应对这些挑战,新加坡需要借助先进的科技手段,提高城市管理的精细化水平。数字孪生技术通过构建虚拟的城市模型,能够实现对城市运行状态的实时监测和模拟分析,为城市管理者提供科学的决策支持。

新加坡一直致力于推动智慧城市建设,以实现更加高效、智能和可持续的城市管理。数字孪生作为智慧城市的重要组成部分,得到了新加坡政府的高度重视和支持。新加坡政府通过制定相关政策和战略,推动数字孪生技术在城市规划、建设和管理中的广泛应用。

在推动数字孪生城市项目的过程中,新加坡积极寻求与国际伙伴的合作与交流。通过引进国际先进的技术和管理经验,新加坡不断提升自身的数字孪生技术水平,并与其他国家分享经验和成果。这种国际合作与交流有助于推动全球数字孪生技术的发展和应用。

2) 应用内容

新加坡是一个岛国,海平面上升是其面临的问题,集成的数字孪生基础设施已经在帮助新加坡应对各种挑战(例如气候变化所带来的影响),而独立的、准确的、可靠且一致的地形模型将支持新加坡国家水务局在资源管理、规划和海岸保护方面的工作。新加坡作为智慧城市的典范,已经在数字孪生技术方面取得了显著的成就。其中,新加坡的智慧城市项目涉及了许多领域,包括智能交通、智能建筑、智能能源等,也涉及智慧生态环境管理。

(1) 全国范围开源三维测绘计划:为优化土地资源并促进经济和社会发展,新加坡土地管理局于 2012 年启动了第一个全国性三维测绘计划,利用快速数据采集技术绘制整个国家的地图。他们进行了空中和街道移动测绘,并于 2015 年交付了首张新加坡全国范围的三维地图。这个三维地图已被政府机构用于政策制定、规划、运营和风险管理。然而,作为一个发展迅速、土地利用复杂的国家,2015 年版地图已不足以满足政府和利益相关方的需求。

2019 年,新加坡土地管理局启动了第二次测绘,以了解土地利用变化,并以更高的精度来更新原始地图,从而反映国家的动态城市发展。工作范围包括进行地籍调查、管理和确保国家基础设施的精确定位,以及创建当前的国家三维数字地图。该项目需要对整个国家进行航空测绘,并对新加坡所有公共道路进行移动街道测绘。除了采集数据和生成更新的地图外,新加坡土地管理局还设定了"一次采集,多次使用"的目标,以最大限度地提高地图的可访问性,使其成为政府机构、主管部门和顾问协作开发项目的开源三维国家地图。

(2) 数据处理、数据互用性、安全性和可持续性:作为一项大规模的城市数字数据采集和实景建模计划,该项目存在测绘和数据处理的挑战,而且,在使用不同遗留系统的众多机构之间实现数据互用也存在困难。此外,在国家安全至上的原则下,整个项目必须在安全的处理设施内进行管理,然后在基于云的环境中提供，以便与政府机构和基础设施项目共享并提供支持。基于长期可持续的愿景，新加坡土地管理局试图生成现有状况的实景模型，并通过本地离线处理来整合航空图像和点云数据，从而提供准确可靠的三维地图供开源平台访问，并随着时间的推移不断更新。

作为政府测绘机构，新加坡土地管理局不断面临着生成、管理和共享国家大规模数据集的挑战，这需要对高级 IT 基础设施进行投资和维护，以适应测绘、建模和协作工作流。新加坡土地管理局意识到，他们需要集成的实景建模和移动测绘技术，安全地将多个来源的大量数据处理成可持续的全国性动态三维数字孪生模型，以供政府和利益相关方在可管控的、基于云的环境中访问。

（3）利用 Bentley 的三维实景建模和测绘技术：新加坡土地管理局采集了超过 160 000 张高分辨率的同一时间段内的航拍图像，并用 ContextCapture 将它们处理成 0.1 米精度的全国范围三维实景模型。再使用 Orbit3DM 整合了超过 25TB 的本地街道数据，将点云集成到模型中，并基于该模型生成了可通过安全的开源平台使用的可持续的全国范围数字孪生模型。Bentley 应用程序的强大处理能力、数据互用性和灵活性助力生成第一个国家级三维实景模型，新加坡土地管理局能够以用户友好的格式成功提供可管控的访问，以满足不同用户的需求。

ContextCapture 具有在本地或云端工作的灵活性，同时多引擎处理能够高效处理大量数据。新加坡土地管理局集成 Orbit3DM 建立了互连数据环境，推动了新加坡的国家级三维实景测绘，其准确、可靠和一致的唯一数据源，让不同机构都能使用数字化环境和数字化工作流。

借助 Bentley 的应用程序，新加坡土地管理局提供了准确的三维实景模型，可通过三维建筑和交通模型、机器学习及人工智能不断得到增强，实现了国家级测绘的突破，并为数字孪生模型的开发提供了框架。

（4）数字孪生技术驱动智慧国家的发展：与传统的地形勘测相比，全国范围的航空和街道移动测绘节省了大量资金。新加坡土地管理局估计通过传统方法绘制全国地图的一次性成本为 3 500 万新加坡元，需要两年时间，通过使用 Bentley 应用程序，他们在短短八个月内节省了 2 900 万新加坡元，生成了全国范围的三维实景模型。根据每三年一次的更新周期,实施"一次采集,多次使用"的数字化战略可为政府每年节省至少1 300万新加坡元。开源数字测绘解决方案简化了新的协作工作流,并将国家级地图的可用性提高了60%,从而能够在更短的时间内、以更低的成本进行早期规划。

新加坡土地管理局的国家级三维测绘是新加坡数字化转型和发展成为具有恢复力、可持续的智慧国家的推动力。实景模型与建筑和交通模型的属性互补,该模型的智能性可以成为新加坡数字孪生模型,以支持针对分析、自动化和可视化的核心三维功能。新加坡数字孪生的愿景是可持续发展的,其坚定的使命是采集和更新城市资产,释放数字化的无限以及无形的收益,并推动智慧型国家发展。

3) 案例亮点

新加坡国家级数字孪生模型的案例亮点主要体现在以下几个方面。

(1) 提升政策制定与城市规划的精准性:新加坡政府通过构建整座城市的实时数字孪生,使得政府人员能够在政策真正实施之前,在数字孪生上进行虚拟实验,测试各种场景。这极大地提高了政策制定的精准性和城市规划的科学性。数字孪生模型为利益相关者提供了一个共享的平台,使他们能够访问模型,参与政策的讨论和制定,促进了跨部门的协同合作。

(2) 增强资源管理与环境保护能力:作为一个岛国,新加坡面临海平面上升等气候变化挑战。数字孪生模型可以帮助新加坡模拟不同气候条件下的城市状态,制定应对策略,如加强海岸保护、优化水资源管理等。数字孪生模型可以实时监测城市的环境状况,包括空气质量、水质等,为环境保护提供数据支持。同时,通过模拟不同减排措施的效果,评估其对环境的长期影响。

(3) 推动可再生能源开发与利用:通过对建筑模型数据的聚合,数字孪生模型有助于推进新加坡的太阳能光伏路线图,帮助政府实现到2030年之前使用2GWp太阳能的承诺。数字孪生还支持新加坡的能源转型,通过实时远程监控电网资产的状况,识别潜在风险,优化能源分配,促进可再生能源的推广和利用。

(4) 提高基础设施维护与管理效率:数字孪生模型可以实时反映基础

设施的运行状态,通过数据分析预测可能出现的故障,实现预测性维护,减少故障发生的可能性,降低维护成本。通过对基础设施的全面数字化建模,数字孪生模型为资产管理提供了详实的数据支持,有助于实现资产的优化配置和高效利用。

(5)促进智慧城市建设:数字孪生模型是智慧城市的重要基础设施之一,它通过将物理世界与数字世界紧密相连,提升了城市的智能化水平,为市民提供更加便捷、高效、舒适的生活体验。数字孪生模型的应用促进了新技术、新产业的发展,为新加坡的经济发展注入了新的动力。同时,通过优化资源配置、提高运营效率等方式,进一步提升了新加坡的国际竞争力。

4) 社会效益

在智慧生态环境管理方面,新加坡运用数字孪生技术实现了对城市环境的实时监测和智能化管理。通过大量的传感器和监测设备,新加坡实时监测城市的空气质量、水质、噪声等数据,并将这些数据与数字孪生模型相结合,形成了对城市生态环境的数字化模拟。

这一数字孪生模型不仅能够实时反映城市环境的状况,还能通过数据分析和智能决策系统,提供智能化的环境管理方案。例如,当空气质量出现异常时,系统可以自动触发空气净化设备;当水质出现异常时,系统可以自动调整供水管网,保障供水质量。

此外,新加坡还通过数字孪生模型进行城市规划和建设的可持续性评估,以确保城市的发展不会对生态环境造成不可逆转的破坏。这种智慧生态环境管理模式为新加坡城市的可持续发展和居民的生活质量提供了重要支持。

4.3.2 案例二:北京数字孪生生态城市规划

项目名称:北京城市副中心数字孪生城市应用试点项目

项目责任单位:北京市规划和自然资源委员会

项目实施情况:依托实景数字孪生底座,以城市感知网络为硬件基础,以城市大数据为核心资源,以数字孪生、云计算、人工智能为关键技术,实现城市产业规划、资产安全管理、城市能耗监控等一体化空间融合。

1) 项目背景

近年来,中国高度重视智慧城市和数字中国建设,将数字孪生作为城市数字化转型的重要路径。《数字中国建设整体布局规划》等国家级战略规划明确提出"探索建设数字孪生城市",为北京数字孪生生态城市规划项目提供了政策支持和方向指引。北京市作为中国的首都和超大城市,积极响应国家号召,将数字孪生技术作为推动城市治理体系和治理能力现代化的重要手段,加速推进数字孪生生态城市规划项目的实施。

随着物联网、大数据、云计算、人工智能等技术的快速发展,数字孪生技术逐渐成熟并广泛应用于各个领域。该技术通过构建物理世界的虚拟映射,实现对现实世界的精准模拟和预测,为城市规划和管理提供了全新的思路和方法。北京市拥有众多高校、科研机构和科技企业,为数字孪生技术的研发和应用提供了强大的创新驱动力。通过产学研用深度融合,北京市在数字孪生领域取得了显著成果,为数字孪生生态城市规划项目提供了坚实的技术支撑。

随着城市化进程的加快,城市治理面临诸多挑战,如交通拥堵、环境污染、资源短缺等。数字孪生技术可以通过模拟城市运行状态,提前发现潜在问题并制定应对措施,提高城市治理的效率和水平。生态环境保护是城市可持续发展的重要保障。数字孪生技术可以构建生态环境数字孪生体,模拟不同环境条件下的生态变化过程,为生态环境保护提供科学依据和决策支持。城市更新和规划是城市发展的重要环节。数字孪生技术可以帮助决策者更直观地了解城市现状和未来发展趋势,优化城市空间布局和功能分区,提高城市规划的科学性和前瞻性。

2) 应用内容

(1) 城市管理与公共服务:在交通管理方面,数字孪生技术可以构建城市交通的数字孪生模型,实现对交通流量的实时监测、预测和优化。通过模拟不同交通场景,可以制定更加科学合理的交通管理方案,缓解交通拥堵问题,提高交通运行效率。

在智慧交通领域,数字孪生技术还可以用于自动驾驶、车路协同等场景,通过模拟车辆行驶和道路状况,提升交通安全性和乘客体验。

在城市管理方面,通过对城市基础设施、公共服务设施等进行数字孪生建模,可以实现对城市运行状态的全面感知和精准管理。例如,可以实时监测城市供水、供电、燃气等基础设施的运行状态,及时发现并处理潜在问题,保障城市安全稳定运行。

数字孪生技术还可以用于城市规划和更新,通过模拟不同规划方案对城市发展的影响,为决策者提供科学依据,优化城市空间布局和功能分区。

(2)生态环境保护:数字孪生技术可以构建生态环境的数字孪生模型,实时监测空气质量、水质、土壤污染等环境指标。通过模拟不同环境条件下的生态变化过程,可以预测环境污染趋势,制定有效的治理措施。例如,在北京市生态环境治理中,数字孪生技术可以助力"场地土壤污染成因与治理技术"等专项项目,提高环境治理的精准性和效率。

通过数字孪生技术,可以实现对城市绿地、湿地、自然保护区等生态资源的全面监测和管理。通过模拟不同保护方案对生态资源的影响,可以制定更加科学合理的保护策略,促进生态资源的可持续利用。

(3)智慧城市建设:数字孪生技术是智慧城市平台构建的核心技术之一。通过构建数字孪生城市平台,可以实现对城市运行状态的全面感知、动态监测和智能决策。该平台可以集成多种数据源和技术手段,为城市管理者和居民提供便捷、高效的城市服务。数字孪生技术还可以拓展智慧城市的应用场景,如智慧安防、智慧医疗、智慧教育等。通过构建相应的数字孪生模型,可以实现对这些领域的精准管理和优化服务,提升城市居民的生活质量和幸福感。

(4)数据共享与协同:数字孪生技术可以促进城市数据的共享和交换。通过构建统一的数据平台和接口标准,可以实现不同部门、不同系统之间的数据互通互认,提高数据资源的利用效率。基于数字孪生技术的协同治理模式可以实现政府、企业和社会组织的协同合作。通过构建协同治理平台,可以实现对城市治理任务的协同分配和执行监督,提高治理效率和效果。

3) 案例亮点

(1)技术创新与融合:项目利用三维激光扫描、SLAM(即时定位与地图构建)等技术,对关键城市部件进行高精度实景复刻,构建真实、准确、可靠的三维空间数据底板。这种技术确保了数字孪生模型的精确性,为后续的城市管理和规划提供了坚实的基础。

项目集成了多种数据源,包括基础地理数据、建筑信息、环境监测数据等,通过大数据处理和分析,实现数据的全面融合和共享。这种多源数据的集成,使得数字孪生模型能够更全面地反映城市的实际情况,提高决策的准确性和科学性。

（2）应用场景丰富：项目在交通领域的应用尤为突出。通过对交通流量的实时监测和预测,可以优化交通信号灯控制策略,提高道路通行能力。同时,结合公共交通系统的实时监控和调度,提升公共交通服务水平,缓解城市交通拥堵问题。

项目构建了生态环境的数字孪生模型,实时监测和预警环境污染风险,为生态环境保护提供科学依据。通过模拟不同环境条件下的生态变化过程,可以预测环境污染趋势,制定有效的治理措施,保护城市生态环境。

项目在城市管理领域也有广泛应用。通过数字孪生模型,可以实现对城市基础设施、公共设施等的实时监控和管理,提高城市管理的精细化水平。同时,结合城市规划和更新需求,优化城市空间布局和功能分区,推动城市可持续发展。

（3）政策与标准支持：北京市积极响应国家号召,将数字孪生技术作为推动城市治理体系和治理能力现代化的重要手段。政府出台了一系列政策文件,为数字孪生生态城市规划项目的实施提供了政策支持和保障。

在项目实施过程中,注重标准的制定和完善。通过制定统一的数据标准、模型标准和应用标准,确保数字孪生模型的互操作性和可扩展性,为项目的持续发展和广泛应用提供有力支撑。

（4）示范效应显著：北京数字孪生生态城市规划项目作为全国范围内的标杆项目,其成功实施和广泛应用将产生显著的示范效应。其他城市可以借鉴北京的经验和做法,推动本地数字孪生生态城市规划项目的实施和发展。项目的实施不仅提升了城市管理和服务的智能化水平,还促进了生态环境保护和社会经济的可持续发展。这种积极的社会影响将进一步提升公众对数字孪生技术的认知和认可度,推动技术的普及和应用。

4) 社会效益

（1）提升城市管理效率：通过数字孪生技术，实现对城市基础设施、公共服务设施等的实时监控和预警。这有助于及时发现并处理潜在问题，提高城市管理的响应速度和效率。基于数字孪生模型的数据分析，可以更加精准地预测城市运行需求，优化资源配置。例如，在交通领域，可以根据实时交通流量调整信号灯控制策略，提高道路通行能力；在能源领域，可以优化能源分配，减少浪费。

（2）促进生态环境保护：数字孪生技术可以构建生态环境的数字孪生模型，实时监测和预警环境污染风险。这有助于制定更加科学合理的环境治理措施，保护城市生态环境。通过数字孪生模型，可以更加直观地展示城市绿地、湿地等生态资源的分布和状况，为生态资源保护提供科学依据。同时，可以模拟不同保护方案对生态资源的影响，制定更加有效的保护策略。

（3）提高居民生活质量：数字孪生技术可以应用于智慧医疗、智慧教育等公共服务领域，提高服务质量和效率。例如，在医疗领域，可以通过数字孪生模型模拟手术过程，提高手术成功率；在教育领域，可以利用虚拟现实技术提供沉浸式学习体验。

在交通领域，数字孪生技术可以优化交通路线规划，提供实时路况信息，为居民提供更加便捷的出行服务。同时，通过智能交通系统减少交通拥堵和事故，提高出行安全性。

（4）推动产业升级与经济发展：数字孪生技术作为数字经济的重要组成部分，其广泛应用将推动数字经济的快速发展。通过构建数字孪生城市平台，可以吸引更多数字经济企业和人才聚集，形成数字经济产业集群。数字孪生技术的实施需要依托物联网、大数据、云计算等技术，这将带动相关产业的发展和升级。同时，数字孪生技术的应用也将催生新的商业模式和服务模式，为经济发展注入新的动力。

（5）增强城市竞争力：数字孪生生态城市规划项目的实施将提升北京的城市形象和国际影响力。作为全国乃至全球的标杆项目，其成功经验和做法将吸引更多城市前来学习和交流。数字孪生技术的广泛应用将吸引更多投资和人才聚集到北京。这将为北京的经济社会发展提供更加坚实的支撑和保障。

4.4　基于数字孪生的智慧文旅的规划与实践

4.4.1　案例一：数字敦煌

项目名称：数字敦煌

项目责任单位：敦煌研究院

项目实施情况：充分利用数字技术完成洞窟壁画数字化采集和历史档案底片的数字化扫描，完成了多部重要文献的定字及校勘工作，并对数字化标准进行了修订和完善。在此基础上实现"数字敦煌"资源库更新，推出"寻境敦煌"等数字展览项目及虚拟漫游体验节目。

项目获奖情况：2022 年世界互联网大会精品案例，2023 第八届中国设计智造大奖铜奖，中国-上海合作组织数字技术合作发展论坛发布的"中国-上合组织国家数字领域合作案例"，第十届中国博物馆及相关产品与技术博览会"数智化最佳展示案例"。

1) 项目背景

敦煌莫高窟，坐落于河西走廊的西部尽头的敦煌。它的开凿从十六国时期至元代，前后延续约 1 000 年，这在中国石窟中绝无仅有。它既是中国古代文明的一个璀璨的艺术宝库，也是古代丝绸之路上曾经发生过的不同文明之间对话和交流的重要见证。

敦煌莫高窟作为世界文化遗产，拥有 735 个洞窟、2 000 多身彩塑、4.5 万平方米壁画以及数万件藏经洞文物，它们共同构成了辉煌绚烂的敦煌艺术文化。然而，这些珍贵的文化遗产面临着自然和人为因素的双重影响，如风沙侵蚀、游客参观带来的潜在威胁等。如何在满足游客对敦煌壁画认识和了解的同时，最大限度地保护好文物，减少人类活动对彩塑、壁画的伤害，成为敦煌研究院亟待解决的问题。

早在上世纪 80 年代末，敦煌研究院就开始了数字敦煌的探索实践。随着计算机技术和数字图像技术的快速发展，敦煌研究院意识到利用这些技术可以永久且高保真地保存敦煌壁画和彩塑的珍贵资料。这一构想逐渐形成了"数字敦煌"项目,旨在通过数字化手段实现敦煌石窟文物的永久保存、永续利用。"数字敦煌"项目得到了国家层面的高度重视和支持。国家发展改革委批复投资敦煌莫高窟保护利用工程,其中"数字敦煌"是投资最大的项目之一。这一政策支持为项目的顺利实施提供了有力保障。

自上世纪 80 年代提出保护构想以来,"数字敦煌"项目历经多年发展,取得了显著成果。敦煌研究院文物数字化保护团队完成了敦煌石窟 295 个洞窟的壁画数字化采集和 5 万张历史档案底片的数字化扫描工作,同时,还实现了虚拟现实、增强现实和交互现实三种应用,使敦煌瑰宝数字化,打破了时间、空间的限制,满足人们游览、欣赏、研究等需求。

2) 应用内容

(1) 文化遗产的数字化保护与修复:利用数字孪生技术,对敦煌石窟的壁画、雕塑等文化遗迹进行高精度的三维建模,确保每一个细节都被准确记录。这种建模不仅限于外形,还包括材质、纹理等信息的数字化,以实现对文化遗产的全面保护。在数字孪生模型上,可以模拟各种修复方案,评估其对文化遗产的影响,从而选择最优的修复策略。这种方式避免了直接在实体上进行试验可能带来的风险,提高了修复的科学性和准确性。

(2) 虚拟游览与展示:通过虚拟现实技术,游客可以在家中或其他地方佩戴 VR 设备,身临其境地游览敦煌石窟,欣赏壁画和雕塑。这种方式打破了时间和空间的限制,使更多人能够接触到敦煌文化。在数字孪生模型中,可以加入互动元素,如语音解说、手势识别等,使游客在游览过程中获得更加丰富的体验。同时,还可以结合历史故事和文化背景,让游客更深入地了解敦煌文化。

(3) 数据分析与研究:通过物联网技术收集敦煌石窟的环境数据(如温度、湿度等),结合数字孪生模型进行实时监测和分析,以便及时发现并处理潜在问题。数字孪生模型为学者提供了丰富的数据资源,他们可以利用这些数据进行深入研究,探讨敦煌文化的内涵和价值。同时,数字孪生技术还可以帮助学者模拟不同情境下的文化遗产变化,为保护工作提供科学依据。

(4) 文化传承与教育:将数字孪生模型应用于教育领域,制作成教学课件或虚拟现实教材,使学生能够直观地了解和学习敦煌文化。这种方式不仅提高了教学效果,还激发了学生对传统文化的兴趣和热爱。通过数字孪生技术,可以将敦煌文化以更加生动、直观的方式呈现给全球观众,促进文化的传播和交流。

3) 案例亮点

(1) 技术创新的融合应用:数字敦煌项目通过虚拟现实、增强现实和交互现实的结合,打破了时间、空间的限制,使全球观众都能身临其境地感受敦煌石窟的魅力。这不仅提升了用户的观赏体验,还极大地促进了文化遗产的传播和传承。项目采用高清数字照扫、游戏引擎的物理渲染和全局动态光照等技术,对敦煌石窟进行高精度建模和渲染,确保每一个细节都能得到精准还原,使得敦煌石窟的虚拟再现达到了影视级画质,为用户提供了极致的视觉享受。

(2) 丰富的数字化成果:截至2023年底,敦煌研究院文物数字化保护团队已完成了295个洞窟壁画的数字化采集和5万张历史档案底片的数字化扫描,形成了海量的数字化成果。这些成果为学术研究、文化传播和虚拟游览提供了坚实的基础。

项目不仅提供了高清数字图像和虚拟漫游体验,还开发了多种数字产品,如"数字藏经洞"小程序、"云游敦煌"小程序等。这些产品以不同的形式展现敦煌文化,满足了不同用户的需求。

(3) 文化传播与教育功能的强化:通过"数字敦煌"资源库,全球各地的网友都可以登录并欣赏石窟内部的高清数字图像及进行虚拟漫游体验。截至目前,"数字敦煌"资源网的全球访问量已达千万人次,极大地推动了敦煌文化的国际传播。

数字敦煌项目为教育领域提供了丰富的数字教育资源,如教学课件、虚拟现实教材等。这些资源使得学生能够直观地了解和学习敦煌文化,提高了教学效果并激发了学生对传统文化的兴趣。

(4) 社会影响的深远:数字敦煌项目的实施不仅保护了珍贵的文化遗产,还通过数字化手段将敦煌文化推向世界舞台,提升了中华民族的文化自信。项目推动了文化与旅游的深度融合,为敦煌乃至甘肃的经济发展注入了新的活力。通过数字化手段,游客可以在家中或其他地方就能感受到敦煌的魅力,从而激发他们前往实地游览的兴趣。

4) 社会效益

数字敦煌项目自实施以来,其社会效益显著且深远。该项目通过前沿的数字技术,将千年古刹敦煌莫高窟的辉煌艺术以全新的方式呈现给全球观众,极大地促进了中华优秀传统文化的传承与弘扬。

首先,数字敦煌项目打破了地域限制,使得世界各地的人们都能通过互联网轻松访问到这些珍贵的文化遗产。这不仅增强了公众对敦煌文化的认知与兴趣,还促进了国际间的文化交流与理解,提升了中华文化的国际影响力。

其次,项目为学术研究提供了丰富的数字化资源。高精度的三维模型、高清图像及详尽的文献资料,为学者们的深入研究提供了极大便利,推动了敦煌学及相关领域的学术进步。

再者,数字敦煌项目在教育领域也发挥了重要作用。通过虚拟现实等互动体验方式,学生们能够身临其境地感受敦煌文化的魅力,激发了他们对传统文化的兴趣与热爱,为培养新一代的文化传承人奠定了坚实基础。

最后,从经济角度来看,数字敦煌项目促进了文化旅游产业的融合发展。它不仅吸引了大量游客前往实地参观,还带动了周边地区的经济发展,为当地创造了更多的就业机会和收入来源。

综上所述,数字敦煌项目在文化传承、学术研究、教育普及及经济发展等方面均产生了显著的社会效益,为中华文化的繁荣与发展做出了重要贡献。

4.4.2 案例二: 杭州西湖数字孪生智慧旅游

项目名称:杭州西湖数字孪生智慧旅游

项目责任单位:杭州西湖风景名胜区管委会

项目实施情况:杭州西湖数字孪生智慧旅游项目通过数字孪生技术实现对西湖景区的高仿真建模,涵盖山水、林草等自然资源以及各类人文景观,实现对西湖生态资源包括生物多样性、水质、空气质量等环境指标的动态监测,并在此基础上为游客提供智能导览、在线购票、虚拟现实体验、个性化旅游推荐等一站式智慧服务。

1) 项目背景

随着信息技术的飞速发展,智慧旅游已经成为旅游业发展的重要方向。《"十四五"旅游业发展规划》明确提出,要加快智慧旅游景区建设,完善智慧旅游公共服务,丰富智慧旅游产品供给,拓展智慧旅游场景应用。这一规划为杭州西湖数字孪生智慧旅游项目的实施提供了有力的政策支持和指导方向。

杭州西湖以其秀丽的山水风光和丰富的历史文化而闻名遐迩,是国内外游客心目中的旅游胜地。然而,随着游客数量的不断增加,西湖景区的生态保护、游客管理、服务质量提升等方面面临着诸多挑战。如何在保护好西湖生态环境的同时,满足游客日益增长的旅游需求,成为西湖景区亟需解决的问题。数字孪生智慧旅游项目的提出,正是为了应对这些挑战,实现西湖景区的可持续发展。

2) 应用内容

(1) 景区实景仿真与高度还原:数字孪生技术通过高精度地图、遥感影像等数据,对西湖景区进行 1∶1 的数字建模,实现景区的实时三维仿真。这种技术使得游客可以通过互联网或移动设备,随时随地查看景区的实时景象,如同身临其境。同时,通过三维建模技术,数字孪生景区还高度还原了西湖的山水、林草等自然资源,以及古镇建筑、游客集散中心等景区内设施,为游客提供了更为直观、真实的游览体验。

(2) 游客行为监测与分析:结合物联网技术,数字孪生技术能够对游客的行为进行实时监测和分析。通过收集游客的移动轨迹、停留时间等信息,景区可以更加精准地了解游客的兴趣爱好和游览需求,为后续的旅游产品开发和服务优化提供数据支持。这有助于提升游客满意度,增强景区的吸引力和竞争力。

(3) 生态保护与资源管理:数字孪生技术在生态保护方面也发挥了重要作用。西湖景区通过数字孪生技术,构建了详细的生物多样性专题库,对景区内的植物、动物等生物资源进行了全面监测和管理。通过实时监测环境指标和设施设备状态,景区可以及时发现潜在问题并采取有效措施进行保护和管理,确保生态环境的安全和稳定。此外,数字孪生技术还有助于优化资源配置,提高资源利用效率。

(4)智慧管理与决策支持:数字孪生技术为西湖景区的智慧管理提供了有力支持。通过整合景区内各种数据和信息,构建综合运营平台,实现数据的实时采集、处理和利用。这有助于管理者全面了解景区的运营状况,及时发现并解决问题。同时,基于数据分析结果,数字孪生系统还可以为管理者提供优化建议,助力生产流程调整、资源分配优化及产品设计迭代等决策过程,实现效率和性能的最大化提升。

(5)应急管理与响应:面对自然灾害、公共卫生事件等突发情况,数字孪生技术能够迅速构建灾害场景的数字模型,模拟灾害情况,为应急管理部门提供直观的决策支持。通过模拟不同场景下的应急响应措施和效果评估,景区可以制定更加科学合理的应急预案和管理策略,提高应对突发事件的能力和效率。

3) 案例亮点

在数字化浪潮的推动下,杭州西湖以其深厚的历史文化底蕴和得天独厚的自然景观,率先探索并实施了数字孪生智慧旅游项目,该项目不仅为传统旅游业注入了新的活力,更在全球范围内树立了智慧旅游的新标杆。该项目的亮点主要体现在以下几个方面。

沉浸式游览体验:杭州西湖数字孪生智慧旅游项目最引人注目的亮点之一,便是其提供的沉浸式游览体验,打破时空界限。通过高精度三维建模与虚拟现实技术,项目成功地将西湖景区的每一个细节精准复刻至数字世界,游客只需佩戴 VR 眼镜或使用智能手机,即可在家中或旅途中随时"穿越"至西湖,漫步于苏堤春晓、曲院风荷之间,感受"接天莲叶无穷碧,映日荷花别样红"的绝美景色。这种前所未有的游览方式,彻底打破了时间与空间的界限,让游客能够随时随地与西湖美景亲密接触。

智能化、个性化服务:项目充分利用大数据与人工智能技术,为游客提供智能化的旅游服务。通过收集并分析游客的行为数据,系统能够精准地把握游客的兴趣偏好与需求,进而为其推荐最适合的游览路线、餐饮住宿及文化活动。此外,项目还开发了智能语音导览系统,能够根据游客的位置与需求,提供实时、准确的景点介绍与导览服务。这种个性化的定制服务,不仅提升了游客的游览体验,更彰显了西湖景区对游客需求的深切关怀。

生态监测与保护:数字孪生技术在生态保护方面的应用,是杭州西湖智慧旅游项目的又一亮点。通过构建西湖生态资源的数字孪生体,项目实现了对景区内生物多样性、水质、空气质量等环境指标的实时监测与评估。这些数据不仅为生态保护提供了科学依据,还帮助景区管理者及时发现并处理潜在的生态问题。同时,项目还利用数据分析技术,优化资源配置与利用方式,推动景区向绿色、低碳、可持续发展的方向迈进。

智慧管理与决策支持:在运营管理方面,数字孪生智慧旅游项目同样展现出了强大的优势。通过构建综合运营平台,项目实现了对景区内人流、物流、信息流等各类数据的集中管理与分析。这些数据不仅为管理者提供了全面的运营状况概览,还为其提供了科学的决策支持。基于数据分析结果,管理者可以更加精准地制定营销策略、优化游客体验、提升运营效率。这种智慧化的管理方式,不仅降低了运营成本,还显著提高了景区的综合竞争力。

4) 社会效益

杭州西湖数字孪生智慧旅游项目,作为旅游业数字化转型的典范之作,其社会效益的深远影响已逐渐显现,为城市、游客、环境及整个旅游产业带来了全方位的变革与提升。

首先,该项目极大地丰富了游客的旅游体验,让西湖之美不再受限于时间和空间的束缚。通过数字孪生技术,游客可以在家中或旅途中,通过智能终端设备轻松访问西湖景区的虚拟世界,仿佛置身其中,感受那份"淡妆浓抹总相宜"的独特韵味。这种沉浸式的游览方式,不仅满足了游客对美景的向往,更激发了他们对中华文化的热爱与探索。同时,项目提供的个性化旅游推荐、智能语音导览等服务,让游客在享受美景的同时,也能获得更加便捷、贴心的服务体验,进一步提升了游客的满意度和忠诚度。

其次,杭州西湖数字孪生智慧旅游项目为城市旅游产业的发展注入了新的活力。随着旅游业的竞争加剧,如何提升旅游目的地的吸引力和竞争力成为了亟待解决的问题。该项目通过数字化手段,实现了对西湖景区资源的全面整合与优化,提高了旅游产品的附加值和差异化程度。同时,项目还推动了旅游与其他产业的融合发展,如文化、科技、教育等,形成了多元化的旅游产品体系,满足了不同游客群体的需求。这不仅促进了旅游产业的转型升级和提质增效,也为城市经济的发展注入了新的动力。

此外,该项目在生态保护与资源管理方面也发挥了重要作用。通过数字孪生技术,西湖景区的生态资源得到了全面、精准的监测与管理。系统能够实时监测水质、空气质量、生物多样性等环境指标,为生态保护提供了科学依据。同时,项目还利用数据分析技术,对景区内的资源利用情况进行优化调整,减少了浪费和污染,实现了绿色、低碳、可持续的发展目标。这不仅保护了西湖的生态环境,也为其他旅游景区的生态保护工作提供了有益的借鉴和参考。

最后,杭州西湖数字孪生智慧旅游项目还带来了广泛的社会效益。项目的实施促进了信息技术的创新与应用,推动了智慧城市的建设与发展。同时,项目还带动了相关产业的发展和就业机会的增加,为当地居民提供了更多的创业和就业机会。此外,项目还加强了政府与游客、企业之间的沟通与互动,提高了政府的服务水平和公众参与度,构建了更加和谐、包容的旅游环境。

综上所述,杭州西湖数字孪生智慧旅游项目的社会效益是多方面的、深远的。它不仅提升了游客的旅游体验和城市旅游产业的竞争力,还促进了生态保护与资源管理、智慧城市建设以及社会和谐发展。这一项目的成功实施,不仅为杭州西湖景区带来了新的发展机遇和活力,也为全国乃至全球的旅游业数字化转型提供了宝贵的经验和启示。

4.4.3 案例三:苏州市姑苏区城市信息数字孪生平台

项目名称:苏州市姑苏区"城市信息模型(CIM)+数字'孪生古城'"平台

项目责任单位:苏州市姑苏区数据局,苏州市自然资源和规划局姑苏分局

项目实施情况:项目通过构建姑苏区三维空间数据底座,充分汇集古城

历史影像、文控保单位信息、古建筑三维模型、非物质文化遗产影音等古城要素资源,实现了古城物理世界与数字世界的精准映射。同时,平台有效支撑苏州市 CIM 平台、数字姑苏驾驶舱等市、区两级多个部门的应用,建成多个移动端应用并接入城市生活服务总入口。

项目获奖情况:在 2024 年中国地理信息产业大会上荣获中国地理信息产业优秀工程奖金奖。

1) 项目背景

近年来,国家高度重视新型智慧城市和数字中国建设,出台了多项政策文件,如《关于以新业态新模式引领新型消费加快发展的意见》等,明确提出要推动 CIM 基础平台建设,支持城市规划建设管理多场景应用,促进城市基础设施数字化和城市建设数据汇聚。这为姑苏区城市信息数字孪生平台项目的实施提供了宏观政策的指导和支持。

苏州市委、市政府积极响应国家号召,发布了《关于苏州市推进数字经济和数字化发展三年行动计划(2021—2023 年)》等文件,明确要全面推进 CIM 平台建设,加快形成市、县(区)一体化平台体系,逐步实现平台互联互通。这为姑苏区数字孪生平台的建设提供了具体的行动指南和目标任务。

姑苏区作为苏州的古城区域,拥有众多历史文化遗迹和丰富的文化资源。如何有效保护和传承这些宝贵的历史文化遗产,成为姑苏区面临的重大课题。数字孪生技术的引入,为古城保护提供了新的思路和方法。

在快速城市化的背景下,姑苏区既需要保护古城的历史风貌和文化底蕴,又需要适应现代城市的发展需求进行更新改造。数字孪生平台可以通过模拟仿真和数据分析等手段,为古城保护更新提供科学决策支持。

2) 应用内容

(1)古城要素的全面汇聚与精准复刻:利用高精度实景三维建模技术,完成姑苏区全域 83.4 km² 的精细化建模,构建了古城的三维空间数据底座。这一底座不仅覆盖了全域范围,还针对重点保护更新区域进行了单体化数据建模,提升了模型的精细化程度。姑苏区以数字孪生古城为基础,构建古城要素"一张图"。先后发布全市首个"区级 CIM 平台建设指导意见"和"区级 CIM 平台数据更新共享规范",全面推进"数字孪生古城"平台建设及其在古城保护、规划、建设、管理领域的利用(如图 4-1 所示)。平台通过构建姑苏区三维空间数据底座,提供统一地理编码、空间坐标转换等共性组件,有效支撑苏州市 CIM 平台、数字姑苏驾驶舱等市、区两级 17 个部门应用,相关数据和组件日均调用量超 2 万次。

图 4-1 姑苏区 CIM+数字"孪生古城"平台

(2)古城保护、规划、建设、管理的综合应用:基于数字孪生技术,平台能够实现对古城保护更新项目的历史追溯、现状感知和未来推演,为管理方案和设计方案提供直观化的分析与评估结论。这有助于提升古城保护的科学性和合理性。作为姑苏区空间数据中枢,实现了跨部门、多类型数据的汇聚和协调管理,促进了信息共享和业务协同。这有助于提升城市管理的效率和精准度。

(3)文旅融合与社会化服务:围绕文化旅游等重点领域,平台建成了"数字城门""传统院落""32 号街坊"等移动端应用,并接入市、区两级城市生活服务总入口"苏周到"App 和"惠姑苏"App(如图 4-2 所示)。这些应用让大众能够足不出户便领略古城风貌,享受数字孪生技术带来的"可观、可感"的线上文旅体验。平台还围绕保护更新和文旅融合,结合元宇宙等新兴技术,探索"CIM+元宇宙"建设,进一步拓展古城保护的应用场景和体验方式。

(4)打造沉浸式体验:平台围绕保护更新和文旅融合,结合元宇宙等新

图 4-2 "苏周到"App 与"惠姑苏"App 页面示例

兴技术,探索"CIM+元宇宙"建设(如图 4-3 所示)。在保护更新领域,利用数字世界的可重复性、可逆性等优势,辅助开展规划评估、计算、推演,打造"历史可追溯、现状可感知、未来可推演"的元宇宙空间,例如在剪金桥巷规划设计中,在孪生空间提前开展方案评估,避免项目盲目上马,有效降低规划试错成本;在文旅融合方面,围绕平江九巷、五卅路子城片区开展"历史之

图 4-3 平江九巷元宇宙场景(平江九巷 App)

光·瑰丽五卅""科技雅韵·数字昆博"等多个场景建设,参观者通过手机或穿戴式 VR 设备,沉浸式体验古城街巷之美和古城历史文脉的魅力。

3) 案例亮点

(1)技术创新与突破:该项目成功将数字孪生技术应用于古城保护与管理中,实现了古城实体空间向数字空间的精准映射,为古城保护提供了全新的技术手段和视角。项目突破了多个技术难点,创新性强,达到了国内领先水平。由清华大学、东南大学、中国测绘科学研究院等权威部门组成的专家组一致认定其技术先进性。

(2)数据汇聚与共享:平台通过构建三维空间数据底座,全面汇聚了古城历史影像、文控保单位信息、古建筑三维模型、非物质文化遗产影音等多类型、多尺度的数据资源,为古城保护提供了丰富的数据支撑。平台实现了跨部门、多类型数据的汇聚和协调管理,促进了信息共享和业务协同,提高了城市管理的效率和精准度。

(3)应用场景广泛:平台在古城保护、规划、建设、管理等多个领域发挥了重要作用,通过历史追溯、现状感知和未来推演等功能,为古城保护提供了直观化的分析与评估结论。围绕文化旅游等重点领域,平台建成了多个移动端应用,让大众能够足不出户便领略古城风貌,享受数字孪生技术带来的"可观、可感"的线上文旅体验。平台还结合元宇宙等新兴技术,探索"CIM十元宇宙"建设,进一步拓展古城保护的应用场景和体验方式。

(4)成果显著:该项目在多个权威评选中获奖,包括中国地理信息产业优秀工程奖金奖等,充分证明了其项目成果的卓越性和影响力。项目成果已在姑苏区多个部门得到充分应用,服务调用量累计超 2 亿次,为古城保护、城市管理、文旅融合等领域提供了有力支撑。

(5)可持续发展:随着技术的不断进步和古城保护需求的不断变化,平台将持续优化和升级,以适应新的应用场景和需求。平台的建设和应用将进一步推动数字姑苏的建设和发展,为古城保护与现代科技的深度融合提供有力支撑。

4) 社会效益

苏州市姑苏区城市信息数字孪生平台项目自实施以来,不仅在城市管理、古城保护、文旅融合等领域取得了显著的技术突破,更在推动社会经济发展、提升居民生活品质、增强文化自信等方面产生了深远的社会效益。

首先,该项目通过构建三维空间数据底座,实现了古城全要素、全覆盖的数字化映射。这一创新举措极大地提升了古城保护的科学性和精准度。平台汇聚了包括古城历史影像、文控保单位信息、古建筑三维模型等在内的海量数据资源,为古城保护提供了详实的数据支撑。通过数字孪生技术,管理人员可以直观地看到古城的每一个细节,从而更加精准地制定保护方案,有效避免了因人为判断失误而造成的破坏。这种科学、精准的保护方式不仅延长了古城的历史寿命,也为后人留下了宝贵的文化遗产。

其次,数字孪生平台在推动文旅融合方面发挥了重要作用。平台结合元宇宙等新兴技术,打造了多个移动端应用,让游客能够足不出户便领略古城风貌。这种线上文旅体验方式不仅丰富了旅游产品的种类,也提高了旅游服务的便捷性和互动性。游客可以通过平台了解古城的历史文化、风土人情,感受古城的独特魅力。同时,平台还接入了市、区两级城市生活服务总入口,实现了线上线下服务的无缝对接,进一步提升了旅游服务的品质和效率。

此外,数字孪生平台还促进了跨部门、多领域的数据共享和业务协同。平台作为姑苏区空间数据中枢,全面汇聚了各类要素资源,为政府各部门提供了统一的空间数据支持。这种数据共享机制不仅避免了数据的重复建设和浪费,也提高了政府决策的科学性和效率。各部门可以通过平台快速获取所需数据,进行跨部门协作和联合执法,有效提升了城市管理的水平和效能。

在社会经济层面,数字孪生平台项目的实施为姑苏区带来了新的经济增长点。通过数字技术的赋能,古城的文化资源得到了更好的保护和利用,吸引了更多的游客和投资。同时,平台也为当地企业提供了创新发展的机遇和空间,推动了数字经济的蓬勃发展。这种以数字技术为引领的经济增长模式不仅为姑苏区注入了新的活力,也为其他地区的城市数字化转型提供了有益的借鉴和参考。

最后,数字孪生平台项目在提升居民生活品质方面发挥了积极作用。

通过平台提供的便捷服务,居民可以更加轻松地获取各类信息和资源,享受更加智能化的城市生活。同时,平台还通过数据分析和智能推荐等方式,为居民提供更加个性化的服务体验。这种以居民需求为导向的服务模式不仅提高了居民的生活满意度和幸福感,也增强了城市的凝聚力和向心力。

苏州市姑苏区城市信息数字孪生平台项目在古城保护、文旅融合、数据共享、社会经济发展和居民生活品质提升等方面产生了深远的社会效益。这一项目的成功实施不仅为姑苏区的城市发展注入了新的动力,也为全国范围内的城市数字化转型提供了宝贵的经验和启示。

—第 5 章—
基于数字孪生的历史文化遗产
智慧景观规划设计及应用

　　历史文化遗产，包括古城、古建筑和文物等作为文化的重要组成部分，承载着丰富的人文精神。然而，随着城市化进程的加快和人口增长的压力，这些文化遗产面临着发展与保护的双重挑战。传统的古城更新建设方式往往难以平衡保护与发展的关系，导致历史文化遗产的破坏和消失。数字孪生技术的出现，为历史文化古城、古建和文物的智慧景观规划设计提供了新的思路和方法。在历史文化古城的应用中，数字孪生技术可以实现对古城空间、建筑、环境等要素的精确建模和仿真分析，为规划设计和保护管理提供科学依据。

　　当前，数字孪生技术在历史文化古城的智慧景观规划设计及实践中已经取得了一定的应用成果。具体来说，主要体现在以下几个方面。

　　三维建模与数字孪生平台构建：利用激光扫描、无人机航拍、三维建模等技术手段，对历史文化遗产进行高精度数字化建模，构建数字孪生平台。该平台集成了古城、古建和文物的空间、建筑、环境等要素信息，为规划设计和保护管理提供了基础数据支持。

　　仿真分析与优化设计：基于数字孪生平台，运用仿真分析技术模拟文化遗产保护区在不同设计方案下的运行情况。通过对人流、交通、环境等多方面的数据进行分析，评估各种设计方案的可行性和影响，为优化规划设计提供科学依据。

　　智慧化管理与决策支持：数字孪生平台可以集成物联网、大数据、云计算等技术，实现对文化遗产保护区运行状态的实时监测和数据分析。管理部门可以通过平台了解区内的客流分布、环境监测、设施利用等情况,及时发现问题并采取相应的管理措施。同时,平台还可以为决策提供科学依据,支持区域的可持续发展。

更加个性化的游客体验:数字孪生技术可以根据游客的需求和偏好提供个性化的服务。例如,通过智能导览系统为游客提供定制化的游览路线和推荐景点;通过虚拟现实技术让游客在虚拟空间中体验保护区内的历史文化和风貌等。这将有助于提升游客的游览体验和满意度。

促进保护区的可持续发展:数字孪生技术的应用将有助于实现区域保护与发展的平衡。通过精细化的规划设计和智能化的保护管理,可以保护文化遗产;通过提供个性化的游客体验和智慧化服务,可以吸引更多的游客和投资,促进古城的经济发展和社会进步。

5.1 基于数字孪生的古建筑和文物保护规划与应用

5.1.1 案例一:广州石室圣心大教堂的数字孪生项目

项目名称:广州石室圣心大教堂数字孪生保护项目

项目责任单位:香港科技大学

项目实施情况:该项目利用多模态大语言模型和三维高斯泼溅技术(3DGS)构建遗产建筑保护的数字孪生智能体,实现了高效、精细的古建筑数字模型重建,并支持用户虚拟参观体验。同时项目团队尝试通过大语言模型为古建数字模型构建了对话互动的智能体,提高了遗产数字孪生中组件的文档记录和查询能力。

1) 项目背景

古建筑承载着丰富的历史、文化和艺术价值,是连接过去与未来的重要桥梁。然而,由于自然侵蚀、人为破坏等因素,许多古建筑面临着严重的保护难题。因此,利用现代科技手段对古建筑进行数字化保护显得尤为重要。

随着信息技术的飞速发展,数字化保护已成为古建筑保护的重要趋势。通过构建数字孪生模型,可以实现对古建筑的高精度、全方位复原和展示,为古建筑的保护、管理和利用提供新的思路和方法。

广州石室圣心大教堂,又称石室圣心大教堂,是中国境内最宏伟的双尖塔哥特式建筑之一,也是全球四座全石结构哥特式教堂之一。其独特的建筑风格和深厚的历史底蕴,使得其成为广州乃至中国的重要文化遗产。因此,对该教堂进行数字化保护具有极高的价值和意义。

2) 应用内容

数字孪生技术在广州石室圣心大教堂的数字孪生项目中主要应用在古建筑数字模型的重建、数据处理与转换、对话互动的智能体构建以及古建筑的保护与传承等方面,为古建筑的数字化保护和文化传播注入了新的活力。

(1) 古建筑数字模型重建:利用 3DGS,实现了高效、精细的古建筑数字模型重建,高度还原了古建筑的真实场景。这种方法不仅解决了复杂建筑物三维模型轻量化的问题,还支持使用者进行虚拟参观体验。该方法在圣心大教堂的应用中,对历史建筑构件识别的验证准确率高达 95.6%,显示了其在古建筑数字化方面的准确性和可靠性。

(2) 数据处理与转换:在缺乏结构化数据的情况下,该数字孪生方法能够仅使用少量数据样本就准确地演示场景,并将信息添加到 3D 场景中,实现了高效的可视化、数字孪生构建和数据管理。提出的策略可以轻易地将建筑几何模型转换为具有丰富语义的 3D 组件模型,用于促进遗产数据的编目和咨询,并支持 3D 场景中的导航和查询。

(3) 对话互动的智能体:团队利用大语言模型为古建数字模型构建了对话互动的智能体。这一智能体具备与用户进行对话和互动的能力,用户只需输入模糊的查询指令,数字模型便会亮起相应的构件并呈现相关信息。这一功能提高了遗产数字孪生中组件的文档记录和查询能力,方便用户对遗产进行导航和信息检索,使得公众能够更加深入了解古建筑内涵。

(4) 保护与传承:古建筑数字孪生智能体不仅为古建筑当前状态的保护提供支持,还为未来古建筑的更新改造、应急管理提供准确的数据库。大语言模型 AI 的出现降低了专业领域知识的门槛,促进了古建筑知识的传播和共享,使更多人有机会参与到古建筑的文化保护与传承工作中。

3) 案例亮点

广州石室圣心大教堂的数字孪生项目亮点主要体现在以下几个方面。

（1）高精度数字模型重建：项目高度还原了古建筑真实场景，解决了复杂建筑物三维模型轻量化的问题，并支持使用者虚拟参观体验。以往将非结构数据转成结构化数据需要耗费大量人力，特别是对于古建筑，其数据需要领域专家进行处理。然而，数字孪生方法仅使用少量数据样本就可以准确地演示场景，并将信息添加到 3D 场景中，从而实现高效的数字孪生构建和数据管理。所提出的策略可以轻易地将建筑几何模型转换为具有丰富语义的 3D 组件模型，用于促进遗产数据的编目和咨询，并支持 3D 场景中的导航和查询。该成果在广州石室圣心大教堂上得以验证。所提出的方法对历史建筑构件识别的验证准确率高达 95.6%。

（2）智能化交互体验：团队利用大语言模型 AI 为古建数字模型构建了对话互动的智能体。这一数字孪生智能体具备与用户进行对话和互动的能力，用户只需输入模糊的查询指令，数字模型便会亮起相应的构件并呈现相关的信息。这项成果提高遗产数字孪生中组件的文档记录和查询能力，方便用户对遗产进行导航和信息检索，使得公众能够更加深入了解古建筑内涵。

4) 社会效益

广州石室圣心大教堂的数字孪生项目在促进古建筑知识传播、提升保护与修复水平、推动文化遗产数字化保护、增强公众认同感和保护意识以及促进文化旅游产业发展等方面产生了显著的社会效益。主要体现在以下几个方面。

（1）促进古建筑知识的传播与普及：通过构建高精度的数字模型和智能化的交互体验，项目使得公众能够更直观地了解古建筑的构造、历史和文化内涵，降低了古建筑知识传播的门槛。互动式的数字孪生模型能够激发公众对古建筑的兴趣，鼓励更多人主动学习和了解古建筑相关的知识。

（2）提升古建筑保护与修复水平：项目生成的高精度数字模型为古建筑的保护和修复工作提供了准确的数据支持，有助于制定更加科学合理的保护方案。数字孪生技术还可以为古建筑的应急管理提供决策支持,如模拟灾害场景、评估风险等级等,提高应对突发事件的能力。

(3)推动文化遗产的数字化保护:项目展示了数字孪生技术在文化遗产保护领域的创新应用,为其他文化遗产的数字化保护提供了可借鉴的经验和模式。通过数字化手段,可以将更多无法实地接触或难以保存的文化遗产以数字形式保存下来,实现永久保存和广泛传播。

(4)增强公众对文化遗产的认同感和保护意识:通过展示古建筑的历史和文化价值,项目有助于增强公众对中华优秀传统文化的认同感和自豪感。数字孪生项目的成功实施和宣传,能够激发公众对文化遗产保护的关注和支持,提升全社会的文化遗产保护意识。

(5)促进文化旅游产业的发展:数字孪生技术为文化旅游产业提供了新的发展方向和思路,可以开发出更多具有互动性和趣味性的旅游产品。游客可以通过数字孪生模型更深入地了解古建筑的历史和文化背景,提升旅游体验的满意度和深度。

5.1.2 案例二:龙门石窟智慧文旅数字孪生平台

项目名称:龙门石窟智慧文旅数字孪生平台项目

项目责任单位:龙门石窟世界文化遗产园区旅游局

项目实施情况:龙门石窟智慧文旅数字孪生平台项目采用前沿数字孪生技术和人工智能技术,利用渲染引擎、交互引擎、实时光影、数字还原等技术对龙门石窟景区及其周边进行高精度还原和建模,实现对景区地形地貌、交通路网、文化遗存、山田林河、生态植被等的全面数字化,特别对石窟区进行了高精度扫描和对象化建模,确保了文物信息的精准留存和保护。

项目获奖情况:2018 全国最具影响力智慧文旅景区,2022 年文化和旅游数字化创新实践优秀案例

1)项目背景

龙门石窟作为国家首批 5A 级旅游景区和全国首批重点文物保护单位,拥有 1 500 多年的悠久历史。然而,文化遗产具有"不可再生、不能永生"的特殊性,面临着地质灾害、风雨侵蚀等自然因素的威胁。因此,利用数字化

手段进行文化遗产的修复、保存和传承显得尤为重要。龙门石窟智慧文旅数字孪生项目正是基于这一需求,通过数字孪生技术、云计算、物联网、大数据、人工智能等前沿科技,实现文化遗产的数字化复原与保护。

龙门石窟景区秉持"服务游客、连接游客、传播文化、提升运营"的初衷,为充分发挥龙门石窟景区深厚的历史文化资源优势,增强受众与文物保护之间的情感连接,推动龙门石窟的文化 IP 传播,实现景区经济发展质量变革、运行效率变革及管理动力变革,启动了智慧文旅数字孪生平台(以下简称"平台")建设项目。这一初衷旨在通过先进的数字技术,提升游客的游览体验,加强游客与文化遗产之间的情感连接,同时推动龙门石窟的文化传播和景区的智慧化运营。

平台将文物保护与数字技术及文旅体验整合为一体,把文物遗迹、石刻艺术等通过技术手段多元化呈现给游客,让文物的历史价值、文化价值、科学价值以及艺术价值更易于被游客接受,让游客可以全方位了解龙门文化,同时整合景区海量数据资源,实现了"连通游客、传播文化、永续发展"的愿景。

这些努力不仅为游客提供了虚实结合的互动式体验,还提升了景区"文化+科技"的服务能力。此外,项目还通过建立统一的管理、服务、营销等信息系统,实现了景区内各业务系统的数据汇集和智能运营优化。

2) 应用内容

数字孪生技术和人工智能技术:利用渲染引擎、交互引擎、实时光影、数字还原等技术对龙门石窟景区周边三十余平方公里地形地貌、交通路网、文化遗存、山田林河、生态植被进行中精度还原,对周边村落进行三维建模;采用激光点云技术,对石窟区进行高精度扫描和对象化建模,真实还原其外观和纹理;对奉先寺卢舍那大佛等佛像进行结构精度 1 毫米、纹理精度 1 毫米高精度还原,达到信息留存保护、可制作仿品目的(如图 5-1 所示)。平台综合运用物联网、大数据、云计算、人工智能等技术,建立有效统一的管理、服务、营销等信息系统,为游客提供虚实结合的互动式体验,提升景区"文化+科技"服务能力,实现各已有业务系统数据汇集,优化景区智能运营。

图 5-1　龙门石窟智慧文旅数字孪生平台文物呈现示例

　　文化遗产的数字化复原与保护:文化遗产具有"不可再生、不能永生"的特殊性,伴随着地质灾害、风雨侵蚀等自然因素的影响,当前龙门石窟的文物修复及保护工作迫在眉睫。利用数字化手段修复、保存文物能使龙门石窟造像在最大程度上保存它最初始、最真实的面貌。

　　具体来说,平台充分利用激光点云结合倾斜摄影等技术,打造了一个人人可以随时随地参观的数字化龙门石窟,并选择龙门石窟体量较大、气势恢宏,具有展示价值的整体洞窟,对造像进行 1 毫米级精度的三维模型数据采集,快速高效实现 360 度全方位、高精度、高保真度复原呈现,让游客能裸眼全方位观赏到洞窟 3D 模式的高清景象,并能近距离感受石窟形制、精美造像和千余年来风化造成的细微痕迹。

　　景区智慧化运营:在数字孪生平台上叠加红外线观测数据、视频识别数据、传感器数据,结合大数据分析、AI 算法,准确计算、预测出景区内景点的客流密度、客流分布、游客行为习惯等,成为龙门石窟智慧化运营管理的重要依托,实现景区资源一张图监控、设备一张图控制,通过"一张图"一览景区所有情况,助力景区利用大数据技术实现管理水平、服务质量、运营能力的提升(如图 5-2 所示)。

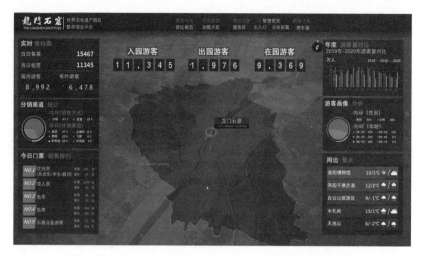

图 5-2 龙门石窟智慧文旅数字孪生平台人流监控示例

该平台打造了从数字化管理到智慧化运营，再到品牌化营销的全流程一站式解决方案，是集数据融合、全景展示、全域管理、统筹规划、公共服务等多功能、多场景于一身的数字孪生文旅系统。

3) 案例亮点

在数字化管理方面，本项目融合了景区现有信息系统的数据资源，实现了景区跨网络、跨平台、跨区域实时精细化、数字化管理，以及从景区日常运行全时空监测，到突发事件快速联动处置的一站式解决。

在智慧化运营方面，项目基于景区数字孪生底座结合时空数据智能分析技术，对景区内的客流、环境监测、景区商业销售、游客行为等数据进行全面、透彻、及时的感知、监测和分析，为景区的科学运营及决策优化提供有力支撑（如图 5-3 所示）。

在品牌化营销方面，项目通过数字孪生等技术对景区文化遗产景观进行数字化复原，形成了数字档案，将文化遗产转化为数字资产；同时，基于数字化场景深入挖掘其中的文化内涵，围绕文化遗产 IP 打造文创生态产业链，强化经济效益；并结合 VR、AR、AI 等技术革新游览体验，为文化遗产注入新的生命力；利用新媒体传播特性吸引游客参与景区文创 IP 的多元化传播

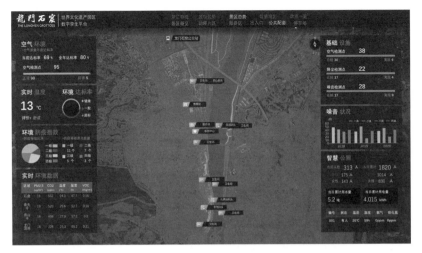

图 5-3　龙门石窟智慧文旅数字孪生平台数据监控示例

营销,实现文化遗产品牌化战略。

　　作为景区智慧旅游建设成果,项目将数字化触角延伸到龙门石窟智慧化管理的各个领域,通过扩大优质数字文化产品供给,提升景区质量效益和核心竞争力;通过科技创新培育新型业态,促进产业提质升级,增强龙门发展新动能;通过数字化技术展示、情景式带入和沉浸式互动体验,使龙门石窟焕发出新的光彩。

　　该平台以数字孪生技术和时空 AI 技术为依托,全面融合景区全域时空大数据,实现全域资源数据共享,通过对文化遗产的数字化复原、虚拟化展示,为游客带来不同于以往的全景沉浸式、指尖云游体验,为实现文旅融合智慧化创新发展提供了有力支撑,以文旅深度融合发展促进和带动文物保护及研究质量持续提升,助力龙门石窟世界文化遗产发挥更广泛、更持久的文化影响。

　　平台结合时空数据智能分析技术,对景区内的客流、设施利用率、商业销售、游客行为等数据进行全面、透彻、及时的感知、监测和分析,有效提升景区的科学运营及决策优化,探索了数字孪生赋能文化遗产保护与数字文旅新模式。

4) 社会效益

龙门石窟智慧文旅数字孪生项目作为一项集科技、文化、旅游于一体的创新实践,自启动以来便产生了深远的社会效益。这一项目不仅推动了文化遗产的数字化保护和传承,还促进了文化旅游产业的升级和发展,为社会带来了多方面的积极影响。

(1)文化遗产保护与传承的新篇章:龙门石窟作为拥有1 500多年历史的文化遗产,其保护和传承一直是社会各界关注的焦点。然而,传统的保护手段往往难以应对自然灾害和人为因素的破坏,导致许多珍贵文物面临消失的风险。龙门石窟智慧文旅数字孪生项目的出现,为文化遗产的保护和传承开辟了新的路径。项目团队对龙门石窟进行了高精度的三维建模和数据采集,实现了对文物外观、纹理、结构等信息的全面记录和保存。这种数字化的方式不仅保留了文物的原始面貌和细节信息,还为后续的修复和保护工作提供了科学依据和技术支持。同时,数字化技术还能够让文物在数字世界中得到永久保存和广泛传播,让更多人能够了解和欣赏到这些珍贵的文化遗产。

(2)文化旅游产业的转型升级:龙门石窟智慧文旅数字孪生项目的实施,不仅推动了文化遗产的数字化保护和传承,还促进了文化旅游产业的转型升级。传统的旅游方式往往受限于时间、空间等因素,游客难以全面、深入地了解景区的文化内涵和历史背景。而数字化技术则打破了这些限制,为游客提供了更加便捷、丰富的旅游体验。

通过数字孪生平台,游客可以随时随地在线上参观龙门石窟的数字孪生模型,感受千年石窟的魅力和韵味。同时,平台还提供了丰富的互动体验功能,如虚拟现实游览、在线导览、互动问答等,让游客在游览过程中更加深入地了解景区的历史文化、艺术特色等方面的信息。这种虚实结合的游览方式不仅丰富了游客的旅游体验,还提升了景区的知名度和美誉度。

(3)智慧化运营与服务的提升:龙门石窟智慧文旅数字孪生项目还通过物联网、大数据、云计算等技术手段,实现了景区的智慧化运营和服务。通过实时监测和分析景区内的各项数据,如游客流量、设施使用情况、环境状况等,项目团队能够准确掌握景区的运行状态和游客需求,为游客提供更加个性化、智能化的服务体验。

例如,在游客流量高峰期,平台可以通过大数据分析预测游客分布情况和流量趋势,为景区管理者提供科学的调度方案,避免拥堵和安全事故的发生。同时,平台还可以根据游客的偏好和需求提供个性化的旅游路线推荐、餐饮住宿预订等服务,提升游客的满意度和忠诚度。这种智慧化的运营和服务模式不仅提高了景区的运营效率和管理水平,还增强了游客的获得感和幸福感。

(4) 经济社会效益的显著提升:龙门石窟智慧文旅数字孪生项目的实施还带来了显著的经济社会效益。一方面,项目的实施促进了文化旅游产业的发展和繁荣,为当地带来了更多的就业机会和经济收入。通过数字化手段提升景区的知名度和美誉度,吸引了更多的游客前来参观和旅游消费,带动了周边餐饮、住宿、交通等相关产业的发展。

另一方面,项目的实施还促进了文化遗产的保护和传承工作的深入开展。通过数字化手段记录和保存文物的原始面貌和细节信息,为后续的修复和保护工作提供了科学依据和技术支持。同时,数字化技术还能够让文物在数字世界中得到永久保存和广泛传播,提高了文化遗产的社会价值和影响力。

此外,项目的实施还推动了科技创新和产业升级的发展。通过运用数字孪生、大数据、云计算等前沿科技手段,项目团队在文化遗产保护、文化旅游产业发展等领域取得了多项创新成果和专利技术。这些成果的推广和应用不仅提高了行业的整体技术水平和发展水平,还为相关产业的升级和发展提供了有力支撑。

综上所述,龙门石窟智慧文旅数字孪生项目作为一项集科技、文化、旅游于一体的创新实践,其产生的社会效益是多方面的、深远的。它不仅推动了文化遗产的数字化保护和传承工作的深入开展,还促进了文化旅游产业的转型升级和智慧化运营服务的提升;同时它还带来了显著的经济社会效益和科技创新成果的推广和应用。这些成果和效益不仅为龙门石窟的可持续发展注入了新的动力和活力,也为全国乃至全球的文化遗产保护和旅游产业发展提供了有益的借鉴和启示。

5.2 基于数字孪生的古城更新设计与应用

5.2.1 案例一：数"绘"千年古城

项目名称：数"绘"千年古城

项目责任单位：苏州市数据局、苏州国家历史文化名城保护区管理委员会、苏州市姑苏区政府

项目实施情况：项目对苏州古城内的大量历史要素进行调查研究、甄选梳理，完成了 27 个街坊的数据要素采集，补充完善了 201 处历史建筑、2 884 处古井古树的信息，并基于前期数据采集构建"CIM＋数字孪生古城"平台，完成全域倾斜三维模型建设，全面汇聚古城的历史影像、文控保单位信息、古建筑三维模型等多种历史文化资源。

项目获奖情况：2024 年入选国家数据局首批数字中国建设典型案例。

1）项目背景

苏州姑苏区是全国首个也是唯一一个国家历史文化名城保护区，拥有 2500 多年的悠久历史。古城内蕴含着丰富的历史文化遗产，是不可再生、不可替代的宝贵资源。做好历史文化古城的保护和更新，就是保存城市的历史和文脉，对于传承和弘扬中华优秀传统文化具有重要意义。

近年来，姑苏区面临着古城保护与经济发展失衡、老龄化水平加剧、老旧小区改造等再城市化难题。传统的保护方式已难以满足现代城市发展的需求，亟需通过创新手段实现古城保护与现代化发展的和谐共生。

大数据、云计算、数字孪生、物联感知等新技术的发展为姑苏区带来了转型升级的历史机遇。这些技术为古城保护提供了全新的视角和工具，能够实现古城保护的精细化、智能化和可视化。

基于上述背景，姑苏区启动了"数'绘'千年古城"项目，旨在通过数字化手段全面梳理和展示古城的历史文化资源，提升古城保护水平和管理效率。项目采用总集成建设模式，以"云网数端安"共性支撑为核心，构建古城更新保护空间大数据平台。通过实景三维技术，完成了姑苏区 83.4 平方公里真

实场景复刻,勾勒千年古城风貌。同时,项目还依托姑苏历史文化遗产展示平台,实现 720°虚拟浏览,让古城以更为鲜活生动的姿态进入大众视野。

2) 应用内容

数字孪生技术在苏州姑苏区"数'绘'千年古城"项目中发挥了重要作用,不仅提升了古城数字化表达的精度和广度,还促进了古城保护、管理、文旅融合等多方面的创新发展。应用主要体现在以下方面。

(1) 古城三维建模与复刻:姑苏区政府牵头围绕古城 14.2 平方公里 54 个街区,对古城内的传统民居、历史院落、古树、古井、古牌坊等历史要素以及人文典故开展调查研究、甄选梳理,健全古城要素全息档案,同时运用无人机、移动测量技术、三维全景技术等手段,对古城内重点文物建筑开展三维建模,精确还原文物建筑全貌和主要构造。目前全区已完成 27 个街坊的数据要素采集,补充完善 201 处历史建筑、2884 处古井古树信息。该项目通过建立完备的"细胞级"古城建筑数据库和三维模型,让古城保护更新有"数"可循。

(2) 打造数字孪生古城平台:姑苏区基于"古城细胞解剖工程"成果,打造"CIM＋数字孪生古城"平台,完成全域倾斜三维模型建设,全面汇聚古城历史影像、438 处文控保单位信息、细胞解剖工程、14 处古建筑三维模型、77 个非物质文化遗产影音等历史文化资源,有效支撑古城保护数据需求。

(3) 古城保护与管理:基于数字世界可重复性、可逆性等优势,平台围绕古城保护更新业务进行规划事件的评估、计算、推演。这有助于为管理方案和设计方案提供反馈参考,为城市规划、改造更新提供直观化的分析与评估结论。平台通过物联感知等技术手段,实现对古城保护对象的实时动态监测和预警。这有助于及时发现和解决古城保护中的问题,提升古城保护的智能化水平。

(4) 文旅融合与发展:姑苏区创新推出"古城保护更新伙伴计划",基于古城数据采集,梳理出适合开展活化利用的古建老宅,依托"惠姑苏"App 和苏州市公共资源交易网站,对当前具备活化利用条件的 297 座古建老宅进行推介,招引"伙伴对象"。截至目前,已完成古建老宅活化利用 96 处,方向涉及总部办公、精品酒店、文化创意等多个领域。同时,积极推动数字文化融合发展,以平江历史文化街区为试点,利用元宇宙技术,打造"平江九巷""云游姑苏"等产品,让广大市民和游客沉浸式感受古城历史文化魅力;利用数字技术、沉浸式演艺打造"拙政问雅"等"文化+"消费新场景,激发体验苏式生活的新热点。

3) 案例亮点

苏州姑苏区"数'绘'千年古城"项目案例取得了显著成效和亮点。这些亮点不仅为古城保护和管理提供了有力支持,也为全国其他地区的数字城市建设提供了可借鉴的经验和模式。

(1) 创新技术应用:项目利用数字孪生技术,对古城进行高精度三维建模,实现了古城物理空间与数字空间的实时映射和交互。这一技术的应用,为古城保护和管理提供了全新的视角和手段。通过无人机、移动测量和三维全景等技术手段,对古城内的重点文物建筑进行三维建模,精确还原文物建筑全貌和主要构造。这些技术的应用,大大提高了古城数据采集的效率和准确性。

(2) 数据汇聚与共享:项目构建了CIM+数字孪生古城平台,全面汇聚了古城历史影像、文控保单位信息、细胞解剖工程、古建筑三维模型、非物质文化遗产影音等历史文化资源。这一平台的建立,为古城保护数据需求提供了有力支撑。平台实现了跨部门、多类型数据的汇聚和共享,包括时空基础、资源调查、规划管控、工程建设项目、公共专题、物联感知等六大类数据资源。这有助于提升古城保护和管理的协同效率。

(3) 古城保护与管理:项目在全国首创开展"古城细胞解剖工程",对古城内的传统民居、历史院落、古树、古井、古牌坊等历史要素以及人文典故进行调查研究、甄选梳理,并健全古城要素全息档案。这一工程的实施,为古城保护提供了详实的基础数据。通过物联感知等技术手段,项目实现了对古城保护对象的实时动态监测和预警。这有助于及时发现和解决古城保护中的问题,提升古城保护的智能化水平。

(4) 文旅融合与发展:项目创新推出"古城保护更新伙伴计划",依托"惠姑苏"App和苏州市公共资源交易网站,对当前具备活化利用条件的古建老宅进行推介,招引"伙伴对象"。这一计划的实施,促进了古建老宅的活化利用和文旅融合发展。

项目以平江历史文化街区为试点,利用元宇宙技术打造"平江九巷""云游姑苏"等产品,让广大市民和游客沉浸式感受古城历史文化魅力。这一创新举措,为古城文旅融合发展注入了新的活力。

4) 社会效益

苏州姑苏区"数'绘'千年古城"项目通过数字技术的深度应用,为古城保护、文化传承、社会治理及经济发展带来了显著的社会效益。

该项目以数字孪生技术为核心,对古城进行了全方位、高精度的数字化复刻,不仅实现了古城物理空间与数字空间的精准映射,还通过大数据、物联网等技术手段,对古城的历史文化资源进行了深入挖掘和有效整合。这种创新性的保护方式,不仅保留了古城的历史风貌和文化底蕴,还为其注入了新的活力和发展潜力。

在古城保护方面,项目通过"古城细胞解剖工程"和"文物建筑 DNA 建模工程",对古城内的传统民居、历史院落、古树、古井等历史要素进行了全面普查和精细建模,建立了完备的"细胞级"古城建筑数据库和三维模型。这些数据的采集和整理,为古城保护提供了详实的基础资料,也为后续的修缮和维护工作提供了科学依据。同时,项目的实施还促进了公众对古城保护的认识和参与度,增强了全社会对文化遗产保护的责任感和使命感。

在文化传承方面,项目通过数字技术和元宇宙等新兴技术的融合应用,打造了"平江九巷""云游姑苏"等线上文旅产品,让广大市民和游客能够身临其境地感受古城的历史文化魅力。这种创新性的传播方式,不仅打破了时间和空间的限制,还拓宽了文化传承的渠道和方式,为传统文化的传承和发展注入了新的动力。

在社会治理方面,项目通过数字社区试点建设,为部分独居孤寡老人家庭安装了"一键呼"、智能水表、门磁、烟感等物联设备,提升了社区治理的智能化水平和精细化程度。这些设备的安装和应用,不仅方便了居民的生活,还提高了社区的安全性和应急响应能力,为构建和谐社区、提升居民幸福感提供了有力支持。

在经济发展方面,项目通过"古城保护更新伙伴计划"等举措,推动了古建老宅的活化利用和文旅融合发展。通过公开招租、合作开发等形式,吸引社会资本参与古建老宅的保护和利用工作,不仅盘活了古城内的闲置资源,还促进了文化旅游产业的繁荣和发展。这种创新性的发展模式,不仅为古城带来了新的经济增长点,还为当地居民提供了更多的就业机会和创业机会。

5.2.2 案例二：数字丽江

项目名称:智慧丽江城市大脑指挥中心

项目责任单位:中共云南省丽江市委网信办

项目实施情况:搭建 LED 显示系统、扩声系统、会议发言系统、分布式系统、中控系统、图形工作站、视频会议系统、监控系统等在内的多项设备,打造数字化治理新模式。通过“智慧丽江”指挥中心 AI 智能算法主动智能识别城市管理场景中的主要事件,并通过多种渠道实现信息的快速传递和处理。

项目获奖情况:2021 年政府信息化管理创新奖、2021 年智能经济高峰论坛产业智能化先锋案例。

1) 项目背景

丽江古城作为世界文化遗产,其保护与传承具有重要意义。随着 5G、人工智能、大数据等信息技术的发展,文旅产业升级提速。“智慧文旅”建设成为推动发展文化产业和旅游产业高质量发展的新引擎、新动能。对于丽江,这座位于云南省西南边陲的小城,旅游业是其亮丽名片和金字招牌,加快推动数字化转型成为面临的重要课题。

将 5G、物联网、大数据、数字孪生等新一代信息技术与丽江智慧小镇融合应用,遵循“一网络＋一中心＋N 应用”的总体建设思路,项目涵盖综合管理、智慧服务、智慧旅游、古城更新四大体系。以数字化应用与古城管理结合、数字化应用与游客体验结合、数字化应用与古城应用结合、数字化应用与古城文化结合、数字化应用与古城经济结合五大特色板块,为丽江古城数字化综合管理提供一个动态、实时、有效的管理运营平台,支撑丽江古城数字小镇的全面发展。

2) 应用内容

数字孪生在丽江古城更新项目中的应用涵盖了古城综合管理、疫情防控、食品安全监管、消防安全管理、水质监测与保护以及古城文化遗产更新与保护等多个方面,为丽江古城的数字化转型和高质量发展提供了有力支持。主要体现在以下几个方面:

(1) 古城综合管理:数字孪生技术通过构建虚拟的丽江古城模型,实现对古城实际运行情况的实时监测和仿真模拟。这有助于古城管理者对古城的综合管理进行精细化、智能化的调控。例如,通过数字孪生技术,可以实时掌握游客的行动轨迹、个人基础信息等,从而实现对古城人流的精准调控和限流管理,确保古城的安全有序。

(2) 疫情防控:在疫情防控常态化下,数字孪生技术为丽江古城的疫情防控提供了有力支持。通过接入公共安全管控系统,数字孪生平台可以实时动态掌握所有人员通行信息,直观展示游客实时运动轨迹及来源地区。一旦出现中高风险地区人员,古城管理者可第一时间启动应急预案,及时处理,有效保障了游客的人身安全。

(3) 食品安全监管:食品安全是游客在旅途中关心的重要问题之一。数字孪生技术通过展示食品供货商养殖环境监测、养殖视频监控、各生产企业分布及审核认证统计等信息,实现了食品来源可溯、去向可查、责任可追。同时,支持接入小镇各餐厅后厨摄像头,让备餐全流程透明化、可追溯化,实现了古城餐饮明厨亮灶,保障了游客的"舌尖上的安全"。

(4) 消防安全管理:丽江古城建筑结构复杂,消防难度大。数字孪生技术通过整合古城火灾自动报警、电气火灾预警、消防用水监测等系统,实现了对古城消防安全的全方位、动态化监测。通过前端感知单元获取的数据,平台可以做到隐患排查精准高效、火情防控及时准确,为古城管理者提供了强有力的技术支持。

(5) 水质监测与保护:丽江古城的水环境是其独特魅力的重要组成部分。数字孪生技术通过古城水质监测站、水流监测站传回的数据,对水的水温、pH 值、溶解氧、水质类别、电导率等指标进行实时监测,提升了古城管理者水质监测工作的精准化和智慧化水平,有助于保护古城的水环境。

(6) 古城文化遗产更新与保护：丽江古城拥有丰富的文化遗产。数字孪生技术通过采集古城古建筑院落的建筑信息，实现建筑物三维、二维信息集成，实时对建筑物瓦屋面、墙体等进行监测预警，为古城遗产保护、监测和更新维修提供了科学的数据支持。同时，通过 VR、AR 等现代科技手段，实现了丽江古城文化院落的 VR 线上游览、在线语音讲解等功能，让游客随时体验古城的文化魅力。

3) 案例亮点

数字丽江项目的亮点在于技术创新与融合应用、智慧管理与服务、游客体验与互动以及产业融合与经济发展等多个方面。这些亮点共同构成了丽江古城数字化转型的鲜明特色和显著成效。

（1）技术创新与融合应用：5G、物联网、大数据、人工智能等技术的深度融合，丽江古城通过引入这些前沿技术，实现了景区管理的智能化、游客体验的个性化以及文化遗产的数字化保护。这些技术的融合应用为丽江古城带来了全新的发展模式和管理手段。通过构建丽江古城的虚拟模型，实现对古城实际运行情况的实时监测和仿真模拟。这一技术的应用不仅提升了古城管理的精细化水平，还为游客提供了更加沉浸式的旅游体验。

（2）智慧管理与服务：针对丽江古城建筑结构复杂、消防难度大的问题，建立了智慧消防系统，实现了对火情的实时监测和快速响应，有效提升了古城的消防安全水平。通过安装门禁、闸机等设备，实时动态掌握所有人员通行信息，确保古城的安全有序。同时，结合智慧安防系统，可以快速还原人员行动轨迹，为疫情防控和安全管理提供有力支持。实施智慧环保项目，对丽江古城的水环境进行实时监测和保护。通过安装水质监测站和水流监测站，对水的各项指标进行监测，确保古城水质的清洁和生态的平衡。建立遗产本体安全系统，最大限度地保障古建筑的原真性。在遭遇不可抗力因素导致建筑受损时，可按建筑原貌进行修复。

（3）游客体验与互动：通过实时视频显示，将餐饮服务中的厨房环境、食材、烹饪加工等关键点全方位展示给消费者，实现了对餐饮经营户的动态监管。游客可通过手机等终端实时查看餐厅后厨情况，吃得更加安心。全面推广智慧支付，融合多种支付方式，为游客提供便捷的支付体验。同时，建设丽江古城综合管理服务中心，为游客提供"一站式"服务，包括旅游咨询、投诉受理、紧急救援等。依托"一部手机游云南"等平台，推出智慧导游导览、景区慢直播、智慧厕所、智慧停车场等功能，为游客提供全方位的旅游服务。同时，通过VR、AR等现代科技手段，实现丽江古城文化院落的VR线上游览和在线语音讲解等功能，让游客随时体验古城的文化魅力。

（4）产业融合与经济发展：通过数字化转型，丽江古城实现了文化、旅游、科技等产业的融合发展。这不仅提升了古城的旅游吸引力，还带动了相关产业的发展和经济的增长。数字丽江项目的实施为丽江市的数字经济发展注入了新的动力。通过建设城市大脑、智慧小镇等项目，丽江在数字经济领域取得了显著成效，为未来的可持续发展奠定了坚实基础。

4）社会效益

数字丽江项目作为丽江市在数字化转型过程中的重要举措，不仅为古城保护、旅游产业升级和城市管理带来了革命性的变化，还产生了深远的社会效益。这些效益体现在提升居民生活质量、促进文化传承与保护、增强社会治理能力、推动数字经济发展等多个方面，共同绘制了一幅丽江高质量发展的新图景。

首先，数字丽江项目极大地提升了居民的生活质量。通过智慧化的城市管理和服务，居民能够享受到更加便捷、高效的公共服务。例如，智慧支付系统的普及让居民在购物、缴费等方面更加轻松，无需携带大量现金或银行卡，只需通过手机即可完成支付。同时，智慧医疗系统的建设让居民能够在家门口享受到优质的医疗服务，通过在线问诊、预约挂号等功能，减少了看病难、看病贵的问题。此外，智慧停车系统的应用也有效缓解了城市停车难的问题，提高了停车资源的利用效率，为居民出行带来了便利。

在文化传承与更新保护方面，数字丽江项目发挥了不可替代的作用。丽江古城作为世界文化遗产，其独特的纳西族文化和建筑风格吸引了无数游客前来参观。然而，随着旅游业的不断发展，古城的更新保护与管理也面临着巨大的挑战。数字丽江项目通过引入数字化技术，为古城保护提供了新的解决方案。例如，通过构建古城的三维数字模型，实现了对古建筑、街巷等文化遗产的精准监测和预警，为遗产保护提供了科学的数据支持。同时，通过 VR、AR 等现代科技手段，游客可以在虚拟空间中体验古城的历史文化，感受纳西族的风土人情，实现了文化遗产的数字化传承与共享。

社会治理能力的提升是数字丽江项目的又一重要成果。在智慧化城市管理的推动下，丽江市的社会治理水平得到了显著提升。通过建设城市大脑、智慧安防系统等平台，实现了对城市运行状态的实时监测和智能分析，为政府决策提供了科学依据。同时，这些平台还具备强大的应急指挥能力，能够在突发事件发生时迅速启动应急预案，调动各方资源进行处置，有效保障了城市的安全稳定。此外，智慧化的社会治理还促进了政府与民众之间的沟通交流，增强了民众对城市管理的参与感和满意度。

数字丽江项目还推动了丽江市的数字经济发展。随着信息技术的不断发展和普及，数字经济已成为推动经济发展的新引擎。丽江市通过建设云计算中心、大数据中心等基础设施，吸引了众多数字产业企业入驻，形成了数字经济发展的良好生态。同时，丽江市还积极推进数字技术在传统产业中的应用，通过数字化转型提升传统产业的竞争力和附加值。例如，在旅游业方面，丽江市依托数字丽江项目推出了智慧旅游服务平台，为游客提供了更加个性化、便捷的旅游体验；在农业方面，丽江市通过建设智慧农业示范项目，提高了农产品的产量和质量，促进了农业产业的转型升级。

此外，数字丽江项目还促进了社会创新与就业。随着数字技术的广泛应用，丽江市涌现出了一批以数字技术为核心的新兴产业和业态。这些新兴产业的发展不仅为丽江市的经济增长注入了新的动力，还为社会提供了大量的就业机会。例如，在智慧旅游领域，随着在线旅游平台的兴起和旅游产品的不断创新，吸引了大量的旅游从业者加入其中；在数字产业方面，随着云计算、大数据等技术的普及和应用，也催生了一批专业的技术人才和服务人员。

综上所述，数字丽江项目在提升居民生活质量、促进文化传承与保护、增强社会治理能力、推动数字经济发展以及促进社会创新与就业等方面产生了深远的社会效益。这些效益不仅为丽江市的高质量发展提供了有力支撑，也为其他地区的数字化转型提供了有益的借鉴和启示。未来，随着数字技术的不断发展和应用，数字丽江项目将继续发挥重要作用，为丽江市的经济社会发展注入新的活力和动力。

第 6 章

基于数字孪生的城市景观规划设计及应用

数字孪生技术的应用在当今社会愈发深刻,被广泛应用于经济、卫生、教育、建筑、人文等众多系统领域中,发挥着高效、便捷、低成本的优势。经过多年人类智慧的研究,数字孪生技术开始飞速发展,在城市景观设计方面也开始发挥其独特作用。通过数字化手段促使城市景观设计呈现更加立体、丰富、独特,极大拓宽了人们的视觉体验及生活方式。随着智慧城市概念的诞生,城市景观作为城市发展的附着物,也亟需极大的提升与创新。因此,挖掘数字孪生技术与城市景观设计的深度融合,进一步发挥数字化时代的优势,是现代城市景观应用的核心之翼。通过进一步分析数字孪生技术对景观设计的现实影响及有效作用,才能构建更生态、健康、绿色的人居生存环境,改变人们的视觉审美观,引导现代智慧城市的高速建设,并为城市景观设计视觉表现提供全新的发展角度。

数字孪生技术是指利用物联网、大数据、BIM(建筑信息模型)、GIS(地理信息系统)以及人工智能等前沿技术,在数字世界中创建一个与物理实体城市外观一致、行动一致、思想一致的数字虚拟城市。这个虚拟城市能够实时反映物理城市的运行状态,并通过模拟和分析,为城市规划、建设、治理和优化等全生命周期管理提供科学依据。

数字孪生技术可以建立高精度的城市景观模型,包括地形、建筑、植被、水系等所有元素。通过模型,规划师可以模拟不同设计方案下的城市景观效果,预测未来城市环境的变化趋势,从而制定更加科学合理的规划方案。

在虚拟环境中,规划师可以对设计方案进行反复修改和优化,而无需担心对现实环境的影响。通过模拟不同设计方案下的光照、阴影、视线等效果,可以确保设计方案既美观又实用。

数字孪生技术使得公众参与城市景观规划设计成为可能。公众可以通过虚拟现实技术进入虚拟城市,亲身体验不同设计方案的效果,并提出自己的意见和建议。这种方式不仅提高了公众参与度,还增强了规划方案的可行性和可接受性。

在城市景观建成后,数字孪生技术仍可以发挥重要作用。通过实时监控城市景观的运行状态,及时发现并解决问题。例如,可以监测植被的生长状况、水体的水质变化等,为城市景观的维护和管理提供科学依据。

6.1 基于数字孪生的景观生态规划与应用

数字孪生技术对景观生态的赋能在智慧城市建设过程中鲜明表现出来,并从景观生态空间规划决策层面直接影响着未来城市规划与管理的重要趋势。

目前数字孪生技术能够通过构建高度精确的虚拟模型,模拟现实世界的运行状况,为规划决策提供了前所未有的数据支持。数字孪生平台集成了多源异构数据,实现了信息的共享与交互,打破了传统规划与管理中的信息孤岛现象,在平台中,不同的部门、不同的板块、不同的领域都统筹在同一平台内,并对不同板块的资源进行汇集,加强相互之间的信息流通,在对景观生态空间的全面、深入和动态分析基础之上帮助决策者更准确地把握生态空间的现状、变化趋势及潜在问题,从而制定出更加科学、精细的规划方案。

在系统规划的基础上,依托数字孪生平台能够结合大数据、人工智能等技术,更加准确地预测未来生态空间的变化趋势,发现潜在的生态风险与挑战,并提前制定相应的应对策略,保障生态安全,实现景观生态空间的可持续发展,增强规划决策的智能性与预见性。

基于数字孪生的景观生态空间规划决策不仅代表了技术上的创新,更引领了城市规划与管理的新模式,推动了城市规划与管理的数字化转型与智能化升级。未来,随着技术的不断进步和应用场景的不断拓展,数字孪生技术将在城市规划与管理中发挥更加重要的作用,为构建宜居、韧性、可持续的城市空间提供有力支撑。

6.1.1 案例一:北京 CBD 时空信息管理平台

项目名称:北京 CBD 数字孪生时空信息管理平台

项目责任单位:北京五一视界数字孪生科技股份有限公司

项目实施情况:项目以数字孪生技术为依托,接入了包括城市 GIS 数据、三维模型数据、专题业务数据、动态运行数据等在内的海量多源异构数据,实现了对北京 CBD 区域的全要素、高拟真数字还原,通过建设城市运行系统,实现土地管理、城市治理、数字招商等多层次、多环节的业务联动。

项目获奖情况:工信部信标委 2022 年度优秀案例。

1) 项目背景

北京 CBD(Central Business District,中央商务区)作为北京市的核心商务区,承载着重要的经济活动和城市功能。随着城市化的不断推进和经济的快速发展,CBD 区域内的各类活动日益频繁,对城市管理、公共服务、商务运营等方面提出了更高的要求。因此,建设一个高效、智能的时空信息管理平台,成为满足 CBD 区域发展需求的必然选择。

在数字化转型的大背景下,各行各业都在积极探索和应用数字技术来提升效率、优化服务。对于城市管理和服务而言,数字化转型更是大势所趋。通过建设时空信息管理平台,可以实现对城市运行状态的全面感知、智能分析和精准管理,推动城市管理向数字化、智能化方向转变。北京作为全国智慧城市建设的先行者,一直致力于推动智慧城市的全面发展。CBD 时空信息管理平台作为智慧城市的重要组成部分,其建设对于提升城市治理水平、优化营商环境、增强城市竞争力具有重要意义。通过该平台的建设,可以进一步推动智慧城市的深入发展,实现城市管理的精细化、智能化和高效化。

北京 CBD 时空信息管理平台的建设还受到了具体应用场景的驱动。例如,在交通管理方面,该平台可以实现对交通流量的实时监测和预测,为交通拥堵的缓解提供科学依据;在公共安全方面,该平台可以实现对城市安全事件的快速响应和处置,保障市民的生命财产安全;在商务运营方面,该平台可以为企业提供精准的招商、办公服务和商务拓展支持,推动区域经济的繁荣发展。

北京朝阳区建外街道位于朝阳区西部,坐拥 147 座商务楼宇,1.6 万余家企业,商务经济蓬勃发展,是首都商务楼宇最密集、最高端、最发达的地区。基于经济体量大、从业人员多的区域特点,建外街道探索创设楼域治理空间,构建楼域共同体,打造楼域共平台机制理念,为基层党组织赋能铸魂,打造基层党建新格局。

在此基础上,不断探索运用数字孪生的技术手段,以数据和模型的集成为基础与核心,同步将楼域划分、四个阵地以及辖区内的建筑、事件、组织、人口关联至数字底座,搭建出"楼域共平台数字孪生系统",实现辖区楼域共平台上主体资源、产业链关系等要素一图总览,用数字化为基层组织赋能,拓宽基层治理"新渠道"、构建基层治理"强引擎"。

2) 应用内容

(1) 数字底座,紧密串联 9 大楼域、1.6 万家企业

建外街道数字孪生平台,沿用北京 CBD 时空信息管理平台底座,基于51WORLD 自主研发的全要素数字底座 AES,将建外街道周边进行多粒度、全要素还原,北至昌平区,南至大兴,西至门头沟,东至通州(如图 6-1 所示)。

平台如同毛细血管一样,把街道与 9 个楼域、1.6 万家企业和 30 万名白领紧密串联起来,为楼域共同体的运转提供支撑载体。

建外街道扫楼走访 5100 余家企业,访谈 6300 余名员工,以数据与模型的集成融合为基础与核心,将辖区内的建筑、事件、组织、人口关联到数字化孪生底座上,集成了楼域信息资源汇总调配、服务办公事项线上处理、商业资源对接、市民诉求办理等 8 大模块。

同时,平台也集成了视频会议、文件传输、交流分享等多样功能,可实现辖区 147 栋楼宇视频连线全覆盖,主要楼宇企业之间,商务楼宇和税务、人力资源社会保障等部门之间实时沟通无障碍,从而实现建外全量数据一张图精细化调度管理(如图 6-2 所示)。

图 6 - 1　北京 CBD 数字建外孪生平台

图 6 - 2　北京市朝阳区建外街道楼域共平台数字孪生系统

建外街道探索"楼域共平台"党建引领基层治理新机制,在地域相连、行业相近、利益相关、功能互补、发展共促的楼宇聚集区域建立起9个楼域党委,搭建楼域党组织、理事会、服务中心"三驾马车"。运用平台化工作理念和运行机制,将人才、资金、信息、发展、阵地等各类要素整合凝聚,将基层治理的触角延伸进楼,打通服务企业和群众的"最后一米"。

(2) 产业经济要素全览,推动招商引资

高精度还原辖区内各商务中心楼宇,直观展现建外街道优秀的城市风貌,对建外街道楼宇数量情况、税收数量及增速、产业结构、企业数量、楼宇可利用面积、三大机制推进情况等产业经济指标进行呈现,助力街道招商工作(如图6-3所示)。

平台将视频监控技术、移动单兵系统、智能指挥中枢和手台对讲系统相融合,实时识别门前三包、暴露垃圾、店外经营、公共设施损坏等城市高频问题,实时反馈辖区城市管理、平安建设等方面综合治理事件动态,从而实现楼宇管理的毛细血管式覆盖。

经过智能化升级后的楼宇治理系统,可大量自动化处理异常情况。由此,可以逐步代替人为巡查处理,实现城市治理中的人力资源优化配置及效率提升。

此外,将辖区楼宇企业、居民的基本信息录入系统,促进数据流通共享,实现"接、转、办、督"民生诉求收集办理闭环机制,推动地区治理与智慧服务深度融合。

3) 案例亮点

(1) 共享数字底座,破解数据要素流转、共享难题

建外街道数字孪生平台在项目建设过程中勇于进行机制创新,通过共享北京CBD数字底座,在降低投资成本和提升数据价值两方面实现双赢。

一方面,通过场景赋能和技术引领,充分盘活了北京CBD数字底座高质量数字资源,有效激发了数据潜能。另一方面,北京CBD数字底座也为建外街道数字孪生项目实施提供有利的生产资料,大大节省了建设成本。

图 6-3 北京 CBD 数字建外孪生平台数据监控示例

而这一过程中,51WORLD 凭借多年技术积累与数据服务经验,保障了数据要素的安全流转、共享,也为不同主体间的数据要素流通以及高质量挖掘数据价值,带了新思路、新模式。

北京 CBD 数字底座是北京 CBD 管委会联合 51WORLD,以数字孪生技术为依托,构建的国内首个 L4 级别高精度城市级数字孪生平台——"数字孪生 CBD 时空信息管理平台"。该平台接入城市 GIS 数据、三维模型数据、专题业务数据、动态运行数据等海量多源异构数据,对北京 CBD 进行全要素、高拟真的数字还原,实现 CBD 规划、招商、经济运行、工地建设等业务功能。

(2) 核心区 L4 级别精度,全局尽收眼底

平台接入 2 000 平方公里高精卫星图,中精度(L2 级别)还原 2 000 平方公里,高精度(L3 级别)还原 50 平方公里,高拟真(即 L4 精度级别)还原 7 平方公里,覆盖中海广场、正大中心等辖区重点楼宇。

此外,平台还支持实时加载上千级区域网格轮廓、上万个 POI 点,支持点聚合,并按视角范围分级显示。

为了高度还原现实世界,在光照、反射等方面,项目团队做了特殊处理:基于物理的全局照明效果,模拟现实世界中的光照现象;通过精确的环境反射为高平滑物体提供实时反射能力;基于物理的边缘柔和阴影、高级 AO 效果和具有体积感的大气雾化效果,增强场景的深度感、立体感和氛围感。

4) 社会效益

关于北京 CBD 时空信息管理平台项目产生的社会效益,虽然没有直接针对该平台的详细社会效益分析,但可以从北京 CBD 整体的发展和社会贡献中推断出一些相关的社会效益。

时空信息管理平台作为智慧城市的重要组成部分,能够集成并管理大量的时空数据,为城市管理者提供实时、准确的信息支持,从而提升城市管理效率。例如,通过该平台可以实时监控交通状况、环境监测、公共安全等关键领域,快速响应各类突发事件,保障城市运行的平稳有序。

北京 CBD 作为首都的核心商务区,其高效的时空信息管理平台有助于吸引更多企业和人才入驻,推动区域经济的持续增长。该平台通过提供便

捷的信息服务和优化营商环境,为企业发展创造有利条件,促进商务活动的繁荣和经济增长。

时空信息管理平台通过整合各类资源信息,实现资源的优化配置和高效利用。在交通、能源、环境等领域,该平台可以辅助决策部门制定科学合理的规划方案,减少资源浪费和环境污染,实现可持续发展。

高效的城市管理和优化的资源配置最终将惠及广大居民。北京CBD时空信息管理平台通过改善城市环境、提高公共服务水平、加强公共安全等措施,为居民创造更加宜居、舒适的生活环境。

该项目的实施促进了信息技术在城市管理中的应用和创新。通过不断研发和完善时空信息管理技术,推动相关产业的发展和升级,为城市科技创新注入新的活力。

作为首都的核心商务区,北京CBD的国际化程度不断提升。时空信息管理平台的建设有助于提升区域的国际竞争力和影响力,吸引更多的国际企业和机构入驻,推动区域经济的全球化发展。

6.1.2 案例二:深圳市数字孪生先锋城市

项目名称:深圳市数字孪生先锋城市建设项目

项目责任单位:广东省深圳市政府

项目实施情况:项目通过整合GIS、大数据、AI等数字孪生技术,实现了对深圳市城市运行状态的实时监测和精准管理。在深圳市福田区智慧城市指挥中心,"福镜·CIM"作为福田数字孪生平台统一的城市时空大数据底座,为多个部门在应急预警监测、AI智能巡航、健康地图等领域提供了服务支撑。此外,项目还积极探索数字孪生技术在房地产监控、住房保障、城市治理、应急安全等方面的应用,推动了城市治理的精细化和智能化。

1) 项目背景

随着城市化进程的加快,城市治理面临诸多挑战,如交通拥堵、环境污染、公共安全等。数字孪生技术能够通过模拟、预测和优化等手段,为城市治理提供科学依据和智能决策支持。深圳作为信息产业高度发达、信息基础设施相对完备、市民信息化素养较高的新兴城市,具备率先开展新型智慧城市建设探索的天然优势,且深圳市政府高度重视数字孪生技术的应用,将其作为智慧城市和数字政府建设的重要方向。深圳在数字孪生技术方面已有一定的积累和应用实践,如罗湖区的"二线插花地"项目、福田区的"福镜·CIM"平台等,都展示了数字孪生技术在提升城市管理效率和服务水平方面的巨大潜力。

2) 应用内容

深圳强调建设"数实融合、同生共长、实时交互、秒级响应"的数字孪生先锋城市,加快建设国内领先、世界一流的智慧城市和数字政府,推动城市高质量发展。围绕建设数字孪生先锋城市,深圳对应提出了"四个先锋"的具体要求。

(1) 先锋底座:先锋底座的构想,旨在打造一个深度融合、高效协同的城市级数字化基础设施体系。作为推动城市智能化转型的关键所在,其核心在于构建一个无缝覆盖全市范围、遵循统一标准、促进信息协同共享的数字平台。在此基础上,深圳搭建了一个全面覆盖城市每一个角落的时空信息平台,即 CIM 平台,通过该平台实现市区之间的紧密协同,以及统一规划与分散实施相结合的灵活机制,确保无论是地上空间、地下设施,还是室内环境、室外景观,乃至动态变化与静态结构、海洋与陆地,都能在平台上得到一体化、高精度的呈现与管理,形成一个海陆空、室内外、动静结合的全方位城市时空底座。

(2) 先锋数据:深圳先锋数据的构建强调汇聚并融合不少于十类核心数据,以此铸就数字孪生城市不可或缺的孪生数据底板,通过分类分级体系与关联映射机制构建一个既全面又精准的数字镜像。将自然环境数据、社会经济数据、公共服务数据、公共安全数据等多源异构数据纳入融合范畴,通过先进的数据处理与分析技术,打破数据孤岛,实现数据的无缝对接与深度融合。基于融合后的多元数据,构建出全面、准确、实时的数据底板,确保数字孪生城市中的每一个元素都能找到其在物理世界中的精确对应,并通过优化数据接入流程、提升数据处理能力,确保各类数据能够迅速、准确地汇聚到数据底板中,真正实现物理世界与数字世界的无缝衔接。

(3) 先锋应用:深圳强调打造先锋应用的关键在于部署并运行一个覆

盖超过百个应用场景、集成超千项关键指标的数字孪生应用体系。在这一体系下深圳将打造一系列横跨多领域、多场景的数字孪生应用,推动 CIM 在经济运行、城市建设、民生服务、城市治理、应急安全、生态文明等六大领域的深度应用,打破不同部门间的壁垒,基于数据共享,建立跨部门、跨领域的业务协同机制,推动各领域、各部门之间的数据互联互通,实现数据资源的最大化利用。

(4)先锋科技:深圳在自身科技创新优势的基础上提出了打造以信创为核心驱动力,数字赋能为支撑的万亿级核心产业增加值数字经济高地的先锋科技设想。深圳聚焦于提升物联网、传感器等技术的精度与覆盖范围,构建全方位、高精度的城市感知网络,实现泛在感知基础上的数字化建模。针对海量、多源、异构的数据特性,深圳研发高效的数据融合算法与管理平台,实现数据的快速整合、智能分析与价值挖掘,为数字孪生应用提供坚实的数据支撑。以共性技术打造的先锋底座为支撑平台,加强仿真推演技术的研究与应用,推动孪生互动技术的发展。依靠先锋科技赋能数字能源、智慧交通、智能建造、数字医疗、数字物流、信创发展等新产业新业态。

3) 案例亮点

(1)一体化协同的数字孪生底座:深圳市数字孪生先锋城市项目重视数字孪生底座建设,构建以"福镜·CIM"为代表的市区协同、统分结合的全市域时空信息平台(CIM 平台),实现全要素数字化、城市运行可视化、城市管理决策协同化和智能化。同时率先构建以 BIM 为基础的全市域、高精度三维空间底板,与 CIM 平台深度融合,应用 IFC - MVD - SNL 技术路线提供精细化 BIM 模型和可信 BIM 数据,为数字孪生城市空间底板建设提供技术支持。

(2)全面的数据支撑与感知体系:深圳市数字孪生先锋城市项目构建泛在实时、全域覆盖的物联感知体系,实现"云-边-端"同步极速传输,为城市高效运行、协同治理提供支撑。整合全市分散独立的数字孪生城市数据资源,推动数据汇聚手段标准化、自动化、智能化升级,实现数据底板组成要素全覆盖。

(3)算力与基础设施保障:深圳市数字孪生先锋城市项目布局云网一

体、同城双活的算力基础设施,升级政务外网,加快布局无线移动政务专网,支撑 BIM/CIM 平台全市域超千路用户并发访问需求。同时保障安全性,打造安全可信区块链平台,实现数字孪生城市相关数据择要上链、权限存证、使用留痕,保障数据全过程可追溯、可审计。

4) 社会效益

(1)提升城市治理水平:数字孪生城市的建设使得城市管理更加精细化、智能化,通过实时监测城市运行状态,覆盖城市居民最关切的交通、教育、医疗等领域,及时发现并解决问题,提高城市治理效率。推动数字经济与实体经济深度融合,打造万亿级核心产业增加值数字经济高地,促进产业升级和转型。

(2)增强城市竞争力:随着深圳持续深化数字孪生技术的探索与实践,越来越多的国内外企业、科研机构和投资机构看到了深圳在数字孪生领域所展现出的无限可能,通过投资促进产业链上下游的紧密合作与协同创新,加速了数字孪生技术的商业化进程和市场普及。深圳通过先锋城市项目建设的不断推进,加强自身国际化建设水平,借助数字孪生抢占城市发展建设高地,增强城市的国内国际竞争力。

6.2　基于数字孪生的产业园区的规划与实践

随着信息技术的迅猛发展,数字孪生技术作为一种前沿的科技创新手段,正逐步成为推动产业园区转型升级、实现智慧化管理的关键力量。数字孪生技术通过构建与实体产业园区相对应的虚拟模型,实现了对园区的全面感知、精准分析和智能管理,为产业园区的规划、建设、运营提供了全新的视角和解决方案。本文将从数字孪生技术的概念出发,探讨其在产业园区规划与实践中的应用,并结合实际案例进行深入分析。

数字孪生技术是一种基于大数据、云计算、物联网等前沿技术的综合性应用,它通过全面感知、数据互联和智能分析等技术手段,实现对实体对象的数字化复制和模拟。在产业园区中,数字孪生技术通过构建园区的虚拟模型,实现对园区内基础设施、生产流程、物流运输等各个环节的精准监控和管理。这一技术不仅提升了园区的运营效率,还促进了资源的优化配置和企业的创新发展。

在产业园区规划阶段,数字孪生技术通过物联网设备实时采集园区的各类数据,包括地形地貌、气候环境、交通状况、基础设施布局等。这些数据经过清洗、整合和标准化处理后,形成结构化、标准化的数据资源,为后续的模型构建和决策分析提供精准的数据支撑。通过数据可视化技术,管理者可以直观地了解园区的整体情况和潜在问题,为规划方案的制定提供科学依据。

基于收集到的数据,数字孪生技术构建出高度逼真的虚拟模型,模拟园区的运行状态和变化趋势。通过调整模型参数和仿真条件,可以预测不同情境下园区的运行状况和资源利用效率。这种仿真模拟能力不仅有助于管理者了解园区的潜在风险,还能为优化资源配置、提升运营效率提供科学依据。例如,在规划阶段,可以模拟不同企业入驻后的生产流程和供应链关系,评估园区的承载能力和发展潜力。

数字孪生技术通过实时对比虚拟模型与实体园区的差异,及时发现潜在的风险和问题。同时,结合历史数据和专家知识,为管理者提供智能化的决策建议。在产业园区规划中,这一功能尤为重要。通过数字孪生平台,管理者可以全面了解园区的运营状况和发展趋势,制定科学合理的规划方案。此外,数字孪生技术还能为园区的招商引资、产业布局等提供有力支持。

6.2.1 案例一: 上海临港桃浦智慧园区

项目名称:上海临港桃浦智慧园区(中国-以色列创新园)

项目责任单位:上海临港经济发展(集团)有限公司

项目实施情况:园区依托大数据与人工智能技术,基于先进的物联网平台,打造了一个集约、高效的智慧园区管理体系,引进了多家高科技企业及科研机构入驻,构建集合"寻-研-匹-转-孵-投-产"全生命周期的功能,构建了集成节能智控、立体安防、智慧运维、交通优化、敏捷服务等一专多能的数字孪生运营平台。

项目获奖情况:2019年度上海市既有建筑绿色更新改造评定铂金奖,

首届"数字技术赋能碳中和实践案例",中国智慧城市大会 2020 智慧城市先锋榜优秀软件及优秀应用案例一等奖。

1) 项目背景

2018 年,中以两国签订了《中以创新合作计划三年行动计划(2018—2021)》,明确提出在上海建设中国-以色列创新园。上海临港桃浦园区(中国-以色列创新园)是上海临港经济发展(集团)对上海桃浦地块大规模开发的重要试点之一,也是上海建设具有全球影响力的科技创新中心的重要承载区,打造工业区改造和产业转型升级新典范的重点建设区域。项目基于 BIM 构建的数字孪生空间,结合物联操作系统,融通各子系统形成完整的 BIM 孪生运维体系以数据串联,连接智慧,强化管理,深化运营为主旨。

2) 应用内容

(1) 高效园区一专多能管理:项目结合微瓴新基建底座及数字孪生相关技术,通过一体化管理平台实现园区资产管理、物业管理、能源服务、企业管理、政务服务以及安全服务等数字化运维管理功能,借助园区中控指挥智慧大脑实现智慧照明、环境监测、智慧门禁、智慧安防、人脸识别、智能设备运维、信息发布、智慧停车、工单系统等智慧场景。同时平台实现大屏端、PC端、手机移动端等多端互联响应,减少数字化管理落地限制,实现多能管理。

(2) 安全园区全域立体安防:项目通过腾讯即视结合人工智能、大数据等技术为园区建立更智能化的安防系统,全面监管园区内人、房、企、物、事、情等要素,构筑事前主动预警布防、事中实时告警提醒和处置、事后留痕快速取证分析的智慧安防全域全要素管理平台。同时项目通过融合 AI 视频监控、环境监测、防疫测温、隐患预警、人员轨迹追踪、巡查巡更、实时派单等功能,实现对园区运营指挥中心安防平台的全要素升级,结合腾讯云在园区中铺展安防、运维、双碳、通行、照明等完整面向的端到端智慧场景,利用 B2B2C 的技术和资源优势与不同定位的产业园区进行有机结合,提供了全方位的企业服务。

(3) 绿色园区降低数字能耗:项目通过建设智慧能源管理中心,联动能耗计量系统、冷源群控系统、风机盘管系统、通风系统等,提供精细的能耗监测、多维度的统计分析、智能的设备控制、可靠的报警管理等服务,实时掌握大数字化场域内的能源使用动态。同时利用大数据智能分析技术,对建筑供冷供热系统进行优化控制,提高系统运行效率,减少系统用能成本。

3) 案例亮点

(1) 基于数字孪生空间及资产语义化实现软件定义园区:项目融合 BIM 和 GIS 技术,建立实时交互的数字孪生空间,实现虚拟空间与现实世界的无缝连接,并记录、仿真、预测对象全生命周期的运行轨迹等功能,通过微领操作系统进行三维空间语义化、物理资产和数字资产语义化,融合及南北向数据互联,实现对园区多维度海量数据的集成与管理,实践软件定义园区。

(2) 全域孪生物联底座与生态开放敏捷工具:项目以数字孪生视图形式呈现,并把设备、系统、应用及服务与数字孪生体系组合为一体,实现连接个体、多系统打通、多空间融合的全真互联,并通过空间治理工具、空间交互设计工具、三维场景设计器、面向数据指标治理的数据智能套件、页面布局组态工具、零代码的拼图式系统联动策略引擎等面向生态的开发工具套件,助力园区带动数字产业生态蓬勃发展与行业共创。

(3) 大数据驱动的能源设备运维管理与知识工程:项目通过大数据建模与 AI 机器学习,结合设备的实时运行数据、电力数据等信息,自动监测的相关信息,并识别设备运行状态是否正常,对设备预期发生的故障时间、故障类型、故障危险程度等进行预测和诊断,辅助设备运维人员进行处理和维护。

4) 社会效益

(1) 全域互联舒适便捷:项目通过数字化运营提升效能,对楼宇设施设备进行统筹监管,实现各系统联动控制与协同运行,降低运维成本,提升楼宇环境舒适度与设备设施健全度,实现管理精细化与效益最大化,通过智能化场景提升入驻体验,打造安全、舒适、便捷的智慧园区。

(2) 智慧运营提质增效:在数字孪生、全域互联的坚实基础助力下,在安防、服务、运维等方面创造更多可视价值,并通过数据资产与数字孪生体系的多维度跨场域信息有机结合,提升总体运营综效。同时项目通过智慧化建设和运营,可实现多层面的增效提质效益,据测算统计,园区管理方实施应急响应效率提升 200% ,预计节约人力成本 20% 。园区可节省能耗约

10%~20%,每平方米节省约 20 元/年。

（3）人工智能助力多维创新:项目通过建设全生命周期智慧 AI 园区,突破传统园区局限,通过计算机视觉、人机交互、机器学习等人工智能技术,创新 AI＋园区应用场景,如 AI＋能源、AI＋一脸通、AI＋会议室、AI＋资产管理、AI＋安全管理等,通过 AI 技术的全方面赋能提升用户感知体验,加强园区现代化、科技化带来的人文价值。

6.2.2　案例二:东盟国际智慧园区

项目名称:东盟国际智慧园

项目责任单位:广西飞鹏环境资源投资有限公司

项目实施情况:项目通过引进和培育信息技术产业相关企业,形成初步的产业集聚效应,充分利用 IBM 公司在信息技术产业方面的全球领先技术,打造一个智慧工业系统公共集成平台,实现对园区内公共配套设施、人、车和关键物资的高效、便捷、绿色管理,提升园区的整体运营效率。

1) 项目背景

东盟国际智慧园区作为广西首个"新型智慧园",其建设旨在推动信息技术产业的快速发展,提升园区的管理效率和服务水平。随着数字化、智能化技术的不断成熟,数字孪生技术逐渐成为园区智慧化转型的重要工具。数字孪生技术通过构建与物理园区一一对应的虚拟园区,实现对物理园区的实时监测、仿真分析和优化管理,为园区的可持续发展提供了有力支持。

东盟国际智慧园区数字孪生项目依托 BIM＋GIS、物联网、云计算、大数据、人工智能等信息技术,构建了全要素、全过程、全方位数字化的园区管理体系。这些技术共同构成了数字孪生园区的核心支撑,使得园区能够具备自组织、自运行、自优化的能力。通过数字孪生技术,园区管理者可以更加直观地了解园区的运行状况,及时发现并解决问题,提高管理效率。

东盟国际智慧园区数字孪生项目的目标是通过数字孪生技术实现园区的智慧化转型,提升园区的整体竞争力和可持续发展能力。此外,项目还致力于实现园区全生命周期的持续有效管理,推动园区的可持续发展。通过数字孪生技术,园区可以实现物联数据联动与分析,降低运营成本;通过节能策略降低能耗;通过智慧报警和异常感知提高园区的安全响应能力;通过业务场景闭环和协同各子系统深挖场景增值服务;通过形象展示窗口提升企业形象等。

东盟国际智慧园区数字孪生项目在实施过程中,充分利用了数字孪生技术的优势,构建了与物理园区高度一致的虚拟园区。通过实时监测、仿真分析和优化管理,项目在提升园区管理效率、降低运营成本、提高服务质量等方面取得了显著成效。同时,项目还推动了园区内企业的数字化转型和产业升级,为园区的可持续发展注入了新的动力。

2) 应用内容

(1) 设施管理与运维优化:通过数字孪生技术,可以实时采集园区内各种设施的运行数据,如能耗、设备状态、环境参数等,并进行仿真分析。这有助于管理者及时发现设施的异常状态,预测潜在故障,从而提前采取维护措施,避免设备停机或损坏带来的损失。基于数字孪生模型,可以对园区的各类资源进行精准配置和调度,包括人力、物力、财力等。通过模拟不同场景下的资源使用情况,找到最优的资源配置方案,提高资源利用效率。

(2) 能源管理与节能减排:数字孪生技术可以对园区的能源系统进行全面建模和模拟,包括电力、水、燃气等能源的使用情况。通过实时监测和优化能源使用,可以提高能源利用效率,减少能源浪费。基于数字孪生模型的分析结果,可以制定针对性的节能策略,如调整设备运行时间、优化能源分配等,降低园区的整体能耗和运营成本。

(3) 安全管理与应急响应:数字孪生技术可以将园区的安全设施、监控设备和传感器数据与虚拟模型进行整合,实现对园区安全状况的实时监测和预警。这有助于及时发现安全隐患并采取措施进行处理。通过数字孪生模型进行应急演练,可以模拟不同场景下的应急响应过程,评估预案的有效性和可行性,并不断优化和完善应急预案。

(4) 规划与设计优化:数字孪生技术可以通过创建虚拟建筑模型,帮助设计师和规划者更好地了解建筑物的结构、功能和效能,从而进行更精确的设计和规划。这有助于提高建筑的设计质量和使用效率。基于数字孪生模型,可以对园区的整体布局进行模拟和优化,包括道路、绿化、公共设施等的布局。通过模拟不同布局方案下的交通流量、环境状况等因素,找到最优的园区布局方案。

(5) 智慧化服务与体验提升:数字孪生技术可以支持构建智慧化服务系统,如智能导览、在线预约、自助服务等。这些服务系统可以提高园区的服务水平和用户体验。通过数字孪生可视化技术,可以展现高质量的园区场景,实现用户与虚拟园区的交互式体验。这有助于提升用户对园区的认知和满意度。

3) 案例亮点

(1) 技术创新与融合应用:项目充分运用了 BIM(建筑信息模型)和 GIS(地理信息系统)技术的融合,实现了园区室内外、地上下、动静态一体场景的高精度数字化再现。这种技术融合不仅提高了模型的准确性和精细度,还增强了空间分析和决策支持能力。通过物联网技术,项目实现了对园区内各种设备、传感器等数据的实时采集和传输。云计算平台则提供了强大的数据处理和存储能力,确保了数据的实时性和安全性。

(2) 全方位智慧化管理:项目为东盟企业总部港提供了全生命周期的持续有效管理,从规划设计、建设施工到运营维护,都实现了数字化、智能化管理。这不仅提高了管理效率,还降低了运营成本。项目通过无缝兼容不同系统,实现了对建筑内运行系统的数据采集与运行策略的最优化及最科学化。这包括安防系统、能源系统、环境系统等多个子系统的集成,形成了协同工作的智慧化管理体系。

(3) 精细化管理与节能降耗:项目利用 AI 算法自动优化建筑能源系统运行参数,在保障正常供冷的情况下,提高了设备的运行效率,降低了能源系统的能源费用和运维成本。这种精细化管理方式有助于实现园区的可持续发展。通过数字孪生模型的仿真分析,项目制定了针对性的节能策略,如调整设备运行时间、优化能源分配等,有效降低了园区的整体能耗。

(4) 智慧化服务与用户体验:项目通过数据分析和挖掘,为园区内企业和员工提供了个性化的服务和定制化的解决方案。这有助于提升园区的服务水平和用户体验。通过 BIM 可视化技术,项目实现了对园区总体态势的监管和设备关系网的可视化纵览。这有助于及时发现设备运行过程中的安全问题,并进行异常定位报警,提升了园区的安全响应能力。

(5) 高效协同与决策支持:项目打破了信息孤岛,实现了园区内各种数据源的整合和共享。这有助于管理者全面掌握园区运行情况,为科学决策提供了有力支持。项目构建了协同工作平台,支持各部门之间的有效沟通和协作。这有助于提高工作效率和响应速度,确保园区各项工作的顺利进行。

4) 社会效益

东盟国际智慧园区数字孪生项目产生的社会效益是深远且多方面的。该项目通过融合 BIM、GIS、物联网、云计算、大数据等技术,构建了园区物理世界与数字世界的精准映射和互动,不仅提升了园区的运营效率和管理水平,还促进了区域经济的可持续发展,增强了社会福祉。

首先,项目实现了园区内各类资源的优化配置和高效利用。通过数字孪生模型,管理者可以实时监测和分析园区的能耗、设备状态、环境参数等数据,制定科学合理的节能策略和设备运行计划,有效降低了园区的运营成本和能源消耗。这种精细化管理方式不仅提升了园区的经济效益,还减少了资源浪费和环境污染,促进了绿色低碳发展。

其次,项目提升了园区的安全监管和应急响应能力。数字孪生模型能够实时反映园区的安全状况,包括人员流动、设备运行、环境监控等方面。一旦发现异常情况或安全隐患,系统能够立即发出预警并启动应急响应机制,帮助管理者迅速采取措施进行处理。这种高效的监管和响应机制保障了园区的安全稳定,为园区内的企业和员工提供了更加安全的生产和生活环境。

此外,项目还促进了园区内企业和员工的智慧化服务体验。通过数字孪生平台,企业可以享受到便捷高效的办公服务,如在线预约、自助服务等。同时,平台还提供了丰富的数据分析和挖掘功能,帮助企业优化运营策略和提升市场竞争力。对于员工而言,他们可以通过数字孪生平台了解园区的整体情况、参与互动体验、享受个性化服务等,提升了工作和生活的便利性和舒适度。

更重要的是,东盟国际智慧园区数字孪生项目为区域经济的可持续发展注入了新的动力。通过智慧化管理和服务,园区吸引了更多的高科技企业和优秀人才入驻,推动了区域产业结构的优化升级和经济增长方式的转变。同时,项目的成功实施也为其他城市和园区提供了可借鉴的经验和模式,推动了智慧城市和智慧园区的建设和发展。

6.2.3　案例三:厦门火炬高新区智慧园区

项目名称:厦门火炬高新区智慧园区建设项目

项目责任单位:厦门火炬高新区管委会

项目实施情况:园区通过智慧能耗管理系统、环境监测传感设备、智能灌溉系统等实现基础设施高度智能化和数字化。通过智慧园区管理平台,以数据精准化、可视化的呈现方式实现对园区内各项运营指标的实时监控和科学管理。

项目获奖情况:2021 年度中国领军智慧园区奖。

1) 项目背景

厦门火炬高新区智慧园区作为一个技术产业的聚集地,随着其规模的不断扩大和产业的快速发展,对园区管理提出了更高的要求。传统的人工管理模式已经难以满足园区日益增长的管理需求,特别是在能耗管理、设备巡检、实时健康状态监测等方面存在明显不足。因此,园区迫切需要引入智能化、数字化的管理手段,以提升管理效率和服务水平。

在项目实施前,园区面临着一系列的管理问题。首先,能耗管理方面,由于采用人工直接管理的方式,不仅耗费大量的人力物力,而且容易忽略一些细节问题,导致能耗管理不到位。其次,设备巡检方面,由于园区范围较大,设备众多,人工巡检一遍需要较长时间,难以及时了解设备的实时健康状态。这些问题严重影响了园区的运营效率和管理水平。

随着国家对智慧城市、智慧园区等政策的不断出台和支持力度的加大,为园区智慧化建设提供了良好的政策环境。同时,大数据、云计算、物联网等智能技术的快速发展,为数字孪生技术在园区中的应用提供了坚实的技术基础。这些技术和政策的支持使得园区智慧化数字孪生项目的实施成为可能。

在项目介入时,园区刚好更换了新管理公司。新管理公司面对原管理公司留下的一系列问题,积极寻求智能化、数字化的解决方案。经过前期的调研和需求分析,管理公司明确了项目的目标和需求,即利用数字孪生技术搭建一个强大的实时、智能化的园区服务平台,以提升园区的管理效率和服务水平。

综上所述,厦门火炬高新区智慧园区智慧化数字孪生项目的背景是园区发展需求与管理问题凸显的结果,同时也是政策与技术支持以及管理公司变更与需求明确的共同推动。该项目的实施将有力推动园区的智慧化建设和管理水平的提升。

2) 应用内容

在厦门火炬高新区智慧园区的智慧化项目中,数字孪生技术的应用主要体现在以下几个方面。

(1) 设备管理与维护:数字孪生技术可以对园区内的各种设备进行数字建模,实现设备的远程监控和故障诊断。园区管理者可以实时了解设备的运行状态,及时发现潜在问题,避免设备故障对生产运营造成影响。通过对设备数据的持续监测和分析,数字孪生技术能够预测设备的维护需求,从而提前安排维护计划,减少因设备故障导致的停机时间和维修成本。

(2) 空间规划与优化:在园区的规划设计阶段,数字孪生技术可以对不同规划方案进行仿真模拟,帮助设计者评估不同方案的可行性和效果,从而选择最优的空间规划方案。在园区的运营管理阶段,数字孪生技术可以实时监测园区空间的使用情况,包括人流、物流等,为园区管理者提供数据支持,以便及时发现问题并采取相应的调整措施。

(3) 安全管理:数字孪生技术可以对园区内的各种安全设施进行数字建模,实现安全状态的实时监测和预警。例如,在园区发生安全事故时,可以通过数字孪生技术对事故现场进行数字化建模,从而快速分析事故原因,并采取相应的应急措施。结合三维可视化技术,数字孪生平台可以在应急情况下提供直观的现场画面,帮助管理者迅速了解事故情况,制定科学的应急指挥方案,并跟踪应急处置过程。

(4) 能源管理:数字孪生技术可以实时监测园区的能耗情况,包括水、电、气等资源的消耗情况。通过对能耗数据的分析,管理者可以了解各区域的能耗分布和变化趋势,从而制定科学的节能降耗措施。结合物联网和大数据技术,数字孪生平台可以根据园区的实际能耗情况,自动调整能源供应方案,实现能源的优化调度和合理利用。

(5) 智慧化运营服务:数字孪生平台可以集成园区的各类信息数据,如设备状态、能耗情况、安全监测等,通过三维可视化技术以直观的方式展示出来。管理者可以在大屏或 PC 端上查看园区的整体运行情况,并进行数据分析和决策支持。结合人工智能和物联网技术,数字孪生平台可以提供智能化的服务,如智能巡检、智能安防、智能照明等。这些服务能够大大提升园区的运营效率和服务水平。

3) 案例亮点

厦门火炬高新区智慧园区的智慧化项目亮点丰富,主要体现在政策服务、智能制造、金融服务、绿色低碳以及项目管理和服务优化等多个方面。

(1) 政策服务智慧化:通过优化政务服务流程,实现政策信息的“精准推送、智能申报”,帮助企业更好地了解、熟悉和用好政策。该系统将各项政策进行分类管控,方便快速查找,并打通各部门企业扶持政策发布的信息孤岛,实现“一网式”政策发布。企业可以快速查看政策申报条件并录入申报信息,实现一键式政策快速申报,同时后台提供“一站式”政策审批,快速反馈审批结果,缩短申报时间,提升整体效率。运用信息技术手段整合提炼人才政策信息,实现人才政策的实时查询、精准定位、智能匹配,为园区人才提供更加便捷的服务。

(2) 智能制造服务平台:以“线上超市”的形式,集聚国内优质智能制造服务商,匹配先进制造业智能化服务政策,为园区企业提供从单一产品到整体方案的智能制造升级服务。该平台还举办智能制造服务周等活动,通过多种形式的服务,助力企业智能化改造和升级。为企业提供专业的智能制造诊断服务,帮助企业明晰智能化改造方向,发现不足,并提供改进建议。

(3) 金融服务创新:整合银行、担保、保险、融资租赁、创投、政府等资源,打造“线上”+“线下”的一站式综合金融服务平台。平台通过自动化机制分解企业需求,智能匹配最适配的企业贷款产品,助力企业融资需求匹配,缓解企业融资难题。引导金融机构创新金融产品,如厂易贷、税易贷、信易贷等,进一步满足企业多样化的融资需求。

(4) 绿色低碳发展:如厦门软件园(一期)通过低碳技术推广、绿色建筑、节能节水、可再生能源利用等手段,实现绿色低碳发展,并通过智慧能耗管理系统提高能耗管理效率。通过投资建设分布式光伏发电项目,为企业提供清洁能源,降低碳排放,如施耐德电气(厦门)开关设备有限公司的分布式光伏发电项目。

(5) 项目管理和服务优化:通过集中开竣工活动,推动一批涵盖智慧电源、云计算、新能源、计算机与通信设备产业等领域的重大项目落地,为园区发展注入新动能。通过政策落实、要素保障、服务供给等方面的优化,提升企业信心,激发企业活力。如推出惠企通勤专线等举措,解决企业实际问题。

4) 社会效益

厦门火炬高新区智慧园区的智慧化项目,作为区域经济发展的重要引擎,自实施以来,不仅显著提升了园区的运营效率和竞争力,还带来了广泛而深远的社会效益。这些效益涵盖了环境保护、经济发展、产业升级、社会服务以及居民生活等多个方面,为园区的可持续发展奠定了坚实基础。

在环境保护方面,该火炬园区的智慧化项目积极响应国家"碳达峰、碳中和"目标,通过一系列绿色低碳技术的应用,实现了显著的节能减排效果。智慧能耗管理系统能够实时监测园区的能源使用情况,包括水、电、气等资源的消耗,及时发现并预警异常能耗,从而制定科学的应对措施。这种精细化管理不仅降低了园区的运营成本,还大幅减少了能源消耗和碳排放。此外,园区还广泛采用分布式光伏发电系统、新能源汽车充电桩等绿色能源设施,进一步推动了能源结构的优化和清洁能源的利用。据统计,智慧化项目的实施使园区每年减少能耗上千吨标煤,减排二氧化碳数千吨,为环境保护和可持续发展作出了积极贡献。

在经济发展方面,智慧化项目为园区注入了新的活力和动力。通过建设智慧园区管理平台,实现了园区内部各类资源的优化配置和高效利用。企业可以更加便捷地获取政策信息、金融服务、技术支持等资源,降低了运营成本,提高了生产效率和竞争力。同时,智慧化项目还促进了园区内部产业链的协同发展,通过举办产业链供需对接活动、搭建智能制造服务平台等方式,加强了企业之间的合作与交流,推动了产业升级和转型。这些举措不仅提升了园区的整体经济实力,还吸引了更多优质企业和项目入驻,形成了良好的产业集聚效应。

在社会服务方面,智慧化项目为园区居民和企业提供了更加便捷、高效、全面的服务。通过建设智慧园区服务平台,实现了园区内部各类服务的智能化管理和个性化定制。居民和企业可以通过手机 App、微信公众号等渠道轻松办理各类业务,如缴费、报修、投诉等,大大提高了服务效率和满意度。此外,园区还建立了完善的劳动保障、医疗卫生、科学教育等保障体系,为居民提供了全方位的生活服务。这些举措不仅提升了园区的宜居性和宜业性,还增强了居民的归属感和幸福感。

在创新驱动方面,智慧化项目为园区提供了强大的技术支撑和智力支持。通过建设创新孵化平台、引进高端人才和科研机构等方式,园区不断推动科技创新和成果转化。同时,智慧化项目还促进了企业之间的技术交流与合作,激发了企业的创新活力。这些举措不仅提升了园区的创新能力和核心竞争力,还吸引了大量优秀人才和优质项目入驻。这些人才和项目为园区的持续发展和产业升级提供了源源不断的动力。

在社会治理方面,智慧化项目为园区构建了全面感知、实时响应、协同联动的社会治理体系。通过建设智慧安防系统、应急指挥平台等基础设施,园区实现了对各类安全隐患的实时监测和预警。一旦发生突发事件或安全事故,系统能够迅速启动应急预案,调动各方力量进行快速处置。这种高效的社会治理体系不仅保障了园区的安全稳定,还提升了居民的安全感和满意度。

综上所述,厦门火炬高新区智慧园区的智慧化项目在环境保护、经济发展、产业升级、社会服务、创新驱动以及社会治理等多个方面产生了广泛而深远的社会效益。这些效益不仅提升了园区的整体竞争力和可持续发展能力,还为居民和企业带来了更加便捷、高效、全面的服务体验。未来,随着智慧化项目的不断深入推进和完善,相信该火炬园区将在推动区域经济发展和社会进步方面发挥更加重要的作用。

6.3 基于数字孪生的城市主题公园的设计与实践

在数字化浪潮的推动下,城市主题公园作为城市文化、休闲与娱乐的重要载体,正经历着前所未有的变革。数字孪生技术的引入,为城市主题公园的设计、建设、运营与管理提供了全新的视角和解决方案。城市主题公园的数字孪生设计,旨在通过数字化手段,构建一个与实体公园相对应的虚拟世界。这个虚拟世界不仅包含了实体公园的所有物理元素(如建筑、景观、设施等),还融入了游客行为、环境变化、运营管理等多维度信息。通过数字孪生技术,可以实现对实体公园的全面感知、精准预测和智能优化,提升游客体验,保障运营安全,促进可持续发展。

数字孪生技术通过集成物联网、大数据、云计算和人工智能等前沿科技,为城市主题公园构建了一个高度仿真、实时互动的虚拟镜像。这一虚拟模型不仅精准映射了实体公园的各项要素,还实现了对公园运行状态的实时监测与预测。在设计阶段,数字孪生技术帮助规划者模拟不同设计方案的效果,评估其对环境、游客体验及运营成本的影响,从而选择最优方案。实践过程中,通过部署大量传感器和智能设备,公园管理者能够实时掌握游客流量、环境指标、设施状态等关键数据,为精准管理和科学决策提供了有力支持。

在伦敦、纽约和上海等城市,数字孪生技术已在多个知名公园得到成功应用。这些案例展示了数字孪生技术在提升公园管理效率、改善游客体验、促进可持续发展方面的巨大潜力。例如,伦敦公园通过数字孪生技术实现了对植物生长、游客流量和垃圾桶使用情况的全面监控,有效保障了公园环境的质量和可持续性;纽约中央公园则利用无人机航拍和卫星遥感技术获取高精度数据,结合人工智能算法预测游客行为和自然灾害风险,为公园的规划和管理提供了科学依据。

6.3.1 案例一: 伦敦海德公园数字孪生项目

项目名称: 伦敦海德公园数字孪生项目

项目责任单位：伦敦市政府或其下属的相关部门

项目实施情况：管理者基于详尽的数据分析，灵活调整公园的管理策略，以应对不同场景下的需求变化。

1) 项目背景

伦敦作为世界著名的大都市，拥有众多公园，其中海德公园是伦敦最著名的公园之一，吸引了大量游客和市民。随着游客量的增加和公园设施的日益完善，公园管理者面临着提升管理效率、优化游客体验、保障公园环境质量和可持续性的挑战。数字孪生技术作为一种新兴的技术手段，为公园管理提供了新的解决方案。

数字孪生技术通过数据采集、模拟分析和虚拟展示，能够实现对公园内一切元素的数字化监控和管理。这种技术不仅可以帮助公园管理者实时掌握公园的运行情况，还能通过数据分析预测未来趋势，制定更加科学合理的管理策略。

伦敦海德公园数字孪生项目的首要目标是对公园进行全面的数字化建模。通过传感器、监控摄像头等物联网设备，实时采集公园内的各种数据，如植物生长状况、游客流量、垃圾桶使用情况等。这些数据将被传输至云端服务器进行存储和处理，形成公园的数字孪生体。

基于数字孪生体，公园管理者可以实现对公园的智能化管理。通过数据分析，管理人员可以掌握公园的客流量、绿化覆盖率、设施利用率等关键指标，及时发现和解决问题。同时，游客也可以通过手机 App 或 VR 眼镜等设备，实时了解公园的情况，提前规划游园路线，享受更好的游园体验。

数字孪生技术还为公园的绿色环保和可持续发展提供了支持。通过数据分析，管理人员可以了解公园植被生长情况、水质情况、废物处理等信息，从而制定更加科学合理的绿化布局、节能节水措施和环境保护政策。这些措施的实施将有助于提升公园的生态环境质量，促进公园的可持续发展。

2) 应用内容

数字孪生技术在伦敦海德公园项目中主要应用在公园设施与环境的数字化建模、实时监控与数据分析、智能化管理与服务以及环境保护与可持续发展等方面。这些应用不仅提升了公园的管理效率和服务水平,还促进了公园的可持续发展和生态环境保护。

(1) 公园设施与环境的数字化建模:数字孪生技术首先被用于对海德公园进行全面的数字化建模。这包括通过高精度传感器、监控摄像头等物联网设备,实时采集公园内各种设施(如座椅、垃圾桶、照明设备等)和环境(如植被、水体、土壤等)的数据。这些数据被传输至云端服务器进行存储和处理,形成公园的数字孪生体。这种建模方式使得公园管理者能够在虚拟环境中直观地查看和管理公园的各种元素。

(2) 实时监控与数据分析:基于数字孪生体,公园管理者可以实现对公园内各种设施和环境状态的实时监控。通过数据分析,管理人员可以掌握公园的客流量、绿化覆盖率、设施利用率等关键指标,及时发现和解决问题。例如,通过监测游客流量,管理人员可以制定更合理的游客管理策略,避免人流拥堵;通过监测植被生长状况,可以制定更科学的绿化养护计划。

(3) 智能化管理与服务:数字孪生技术还推动了公园管理的智能化。通过集成物联网、大数据、人工智能等技术,公园管理者可以实现对公园的智能化管理。例如,利用智能垃圾桶,可以实时监测垃圾桶的满溢状态,并自动调度清洁车辆进行清理;利用智能灌溉系统,可以根据植被的生长需求和天气状况自动调节灌溉量,实现节水灌溉。此外,游客还可以通过手机App 或 VR 眼镜等设备实时了解公园的情况,提前规划游园路线,享受更加便捷和个性化的服务。

(4) 环境保护与可持续发展:数字孪生技术在环境保护和可持续发展方面也发挥了重要作用。通过监测公园内的水质、空气质量等环境指标,管理人员可以及时发现环境问题并采取措施进行治理。同时,通过数据分析,可以制定更加科学合理的环境保护政策,促进公园的可持续发展。例如,根据植被生长情况和土壤状况,可以制定针对性的绿化布局和植被养护计划;根据游客流量和行为习惯,可以制定更有效的游客管理措施,减少游客对环境的负面影响。

3) 案例亮点

(1) 精准复制与实时映射:数字孪生技术能够创建出海德公园及其周

边环境的高精度数字模型,包括地形、植被、建筑、游客流动等各个方面,实现物理世界与数字世界的精准对应。

(2)实时数据同步:通过物联网、大数据等技术,实时收集公园内的环境数据(如温度、湿度、空气质量)、游客行为数据等,并同步更新到数字孪生模型中,确保模型的实时性和准确性。

(3)智能化管理与优化:基于数字孪生模型,可以对公园内的资源进行智能化配置,如根据游客分布调整清洁、安保等人力资源的部署,提高管理效率。在紧急情况下,如火灾、自然灾害等,数字孪生模型可以迅速模拟出事件的发展态势,为应急决策提供科学依据,提升公园的应急响应能力。

(4)游客体验提升:通过数字孪生技术,可以为游客提供更加个性化的服务,如根据游客的偏好推荐游览路线、提供实时导航等。结合虚拟现实(VR)、增强现实(AR)等技术,为游客打造沉浸式的互动体验,如虚拟导览、互动游戏等,提升游客的参与感和满意度。

(5)环保与可持续发展:数字孪生模型可以实时监测公园内的环境状况,如水质、空气质量等,为环境保护提供数据支持。同时,通过模拟不同环保措施的效果,为制定更加科学合理的环保策略提供依据。在公园设施的运行管理中,数字孪生技术可以帮助优化能源使用,如通过智能调控照明、空调等设备,实现节能减排的目标。

4) 社会效益

伦敦海德公园数字孪生案例项目,若成功实施,将带来显著的社会效益。该项目通过构建海德公园的数字模型,实现了物理世界与虚拟世界的深度融合,为公园管理、游客体验以及环境保护等方面带来了积极的变化。

首先,数字孪生技术极大地提升了海德公园的管理水平。通过实时收集公园内的环境、设施及游客行为数据,项目能够及时发现潜在问题并进行预警,如游客流量过大、设施损坏等,从而提高了应急响应能力和管理效率。这种智能化的管理方式不仅减轻了管理人员的工作负担,还使得公园的日常运营更加有序和高效。

其次,数字孪生项目为游客提供了更加丰富的游园体验。游客可以通过手机 App 或 VR 眼镜等设备,实时了解公园内的景点信息、活动安排以及人流状况,从而制定更加合理的游览计划。此外,项目还结合虚拟现实和增强现实技术,为游客打造了沉浸式的互动体验,使他们能够更加深入地了解公园的历史文化和自然风光,增强了游客的参与感和满意度。

在环境保护方面,数字孪生技术也发挥了重要作用。通过实时监测公园内的环境状况,如水质、空气质量等,项目能够及时发现环境问题并采取措施进行治理,从而保护了公园的生态环境。同时,项目还通过优化能源使用,如智能调控照明、空调等设备,实现了节能减排的目标,降低了公园的运营成本并减少了对环境的影响。

此外,伦敦海德公园数字孪生案例项目的成功实施还将为其他城市和地区的公园管理提供有益的借鉴和参考。作为世界知名的公园之一,海德公园的数字孪生项目将起到良好的示范引领作用,推动其他城市和地区在公园管理、智慧城市建设等方面积极探索和应用数字孪生技术,进而提升整个社会的智能化水平和可持续发展能力。

6.3.2 案例二:上海世博文化公园智慧园区

项目名称:上海世博文化公园一体化运营服务管理平台

项目责任单位:上海世博文化公园建设管理有限公司(负责整体管理)及上海仪电旗下云赛智联信息科技有限公司(参与智慧园区核心系统建设)

项目实施情况:以物联网设备管理为基础,从“观、管、防、服”四领域着手,实现了公园的综合体征概貌立体展示和运营管理,构建了物联协同、数据协同、应用协同为一体的运营管理体系。

项目获奖情况:入选全国信息技术标准化技术委员会智慧城市标准工作组评选的“2022 年度优秀智慧园区案例”。

1) 项目背景

世博文化公园作为上海城市更新的重要项目,旨在完善城市生态系统,提升空间品质,延续世博精神,并建设卓越全球城市。该项目对于上海城市风貌、文化展示、生态环境、市民游客体验以及服务品牌等方面都具有重要意义。被赋予“世界一流城市中心公园”的建设愿景,世博文化公园的建设不仅关注公园的景观和设施,更强调其智慧化管理和服务能力。

随着智慧城市建设的不断深入,智慧化已成为城市基础设施建设和管理的重要方向。作为城市基础配套的重要组成部分,公园的智慧化建设也是智慧城市建设的重要领域之一。世博文化公园通过智慧化建设,可以提升公园的整体管理和服务能力,为游客提供更好的公共服务和安全保障,成为智慧城市建设的典范。

世博文化公园智慧园区项目将利用物联网、云计算、大数据分析、互联网＋、AI、VR、GIS、BIM 等现代科学技术和方法重点建设智慧公园大脑平台,该平台对公园内各类分散、异构的信息化应用和智能化系统进行系统集成、数据融合、应用整合、信息共享和决策协同。实现公园服务、管理的智慧化,包括公园设施设备管理、环境管理、安全管理、游客服务等方面的智能化应用。

2) 应用内容

(1) 虚拟模型构建:数字孪生技术利用三维建模、实时渲染等技术手段,构建了一个与世博文化公园实际环境高度相似的虚拟模型。这个模型不仅包括了公园的地理环境、建筑设施、设备设施等静态信息,还能实时反映公园内的人流、车流等动态变化。这使得管理者能够随时随地通过虚拟模型对园区进行精确的模拟和分析,从而更好地了解园区的运行情况。

(2) 远程监控与控制:通过将物理设备与虚拟模型相连接,数字孪生技术实现了对园区设备设施的远程监控与控制。管理者可以实时获取设备的运行状态和数据,并进行远程调控。这极大地提高了设备的运行效率和可靠性,同时也减少了人力成本和能源资源的浪费。例如,对于公园内的照明系统、灌溉系统等,都可以通过数字孪生技术进行智能化管理和控制。

(3) 数据分析与预测:数字孪生技术通过采集和分析园区模型的数据,能够发现潜在的问题和风险,并提前做出相应的预警和预防措施。例如,通过模拟不同天气条件下园区的运行情况,可以帮助管理者规划更科学有效的紧急应对措施。此外,数字孪生技术还可以通过大数据分析,为园区提供更精准的决策支持,帮助管理者制定更科学的经营策略和规划。

(4) 创新应用与体验:数字孪生技术还为世博文化公园带来了 VR 和 AR

等创新应用。通过虚拟现实技术,游客可以在虚拟环境中体验园区的各种功能和设施,进行模拟操作和交互。而增强现实技术则能够将虚拟信息与现实场景相融合,为游客提供更加丰富和便捷的导航、查询等服务。这些创新应用不仅提升了游客的游园体验,也进一步增强了园区的吸引力和竞争力。

(5) 智慧化运营管理:数字孪生技术在世博文化公园智慧园区项目中的应用还体现在智慧化运营管理方面。通过集成物联网、云计算、大数据分析等现代科学技术和方法,数字孪生技术为园区构建了一个智慧化运营管理平台。该平台实现了对园区内各类分散、异构的信息化应用和智能化系统的系统集成、数据融合、应用整合、信息共享和决策协同。这使得管理者能够更加高效地管理园区的各项事务,提升了园区的整体运营效率和服务水平。

3) 案例亮点

上海世博文化公园智慧园区项目案例的亮点在于其技术的应用与集成,智慧化运营管理平台的构建、虚拟与现实融合的互动体验、数据驱动决策的能力、智慧化服务设施的提供以及可持续运营与迭代创新的理念。这些亮点共同构成了该项目在智慧园区建设领域的领先地位和示范作用。

(1) 技术应用与集成:该项目集成了物联网、云计算、大数据分析、互联网十、AI、VR、GIS、BIM等现代科学技术和方法。这些技术的综合应用,使得世博文化公园在智慧化建设上达到了较高水平,实现了对公园内各类资源的全面感知、智能分析和精准管理。

(2) 智慧化运营管理平台:项目构建了智慧化运营管理平台,该平台通过"一屏通观-感知预警-研判联动"的体系,实现了对公园内各类分散、异构的信息化应用和智能化系统的系统集成、数据融合、应用整合、信息共享和决策协同。这一平台不仅提升了公园的管理效率,还增强了应急响应能力和决策支持能力。

(3) 虚拟与现实融合:项目利用 VR 和 AR 技术,为游客提供了丰富的互动体验。游客可以在虚拟环境中游览公园,感受不同的景观和文化氛围;同时,增强现实技术还能将虚拟信息与现实场景相融合,为游客提供更加便捷和个性化的服务。

(4) 数据驱动决策：项目通过大数据分析技术，对公园内各类数据进行深入挖掘和分析，为管理者提供了精准的决策支持。这些数据包括基础数据、设施设备运行数据、养护数据、安全数据、环境数据、运营服务数据等，通过数据驱动的方式，提升了公园的整体管理和服务水平。

(5) 智慧化服务设施：项目在公园内设置了多种智慧化服务设施，如智能导览系统、智慧停车系统、智慧寻人系统等。这些设施通过物联网和人工智能技术，实现了对游客需求的精准响应和高效服务，提升了游客的游园体验。

(6) 可持续运营与迭代创新：项目在设计之初就考虑了可持续运营的问题，通过构建可落地、可运营的智慧公园设计方案，确保了项目在建成后的长期稳定运行。同时，项目还注重迭代创新，不断引入新技术和新应用，保持项目的先进性和竞争力。

4) 社会效益

上海世博文化公园智慧园区项目在推动城市智慧化进程、提升市民生活质量、促进生态可持续发展等方面产生了显著的社会效益。

首先，该项目通过集成物联网、云计算、大数据分析等技术，实现了对公园内各类资源的全面感知和智能管理，显著提升了公园的管理效率和服务水平。这不仅为游客提供了更加便捷、高效的游园体验，还通过智慧化手段有效保障了游客的安全和舒适。这种智慧化管理模式为其他城市公园和公共空间的智慧化建设提供了可借鉴的范例，推动了城市智慧化进程的加速发展。

其次，世博文化公园智慧园区项目注重游客体验和服务创新。通过 AR、VR 等技术的应用，游客可以在虚拟环境中游览公园，感受不同的景观和文化氛围，增强了游园的趣味性和互动性。同时，智慧停车系统、智能导览系统等智慧化服务设施的引入，也为游客提供了更加便捷和个性化的服务，提升了游客的满意度和忠诚度。这些创新服务不仅丰富了市民的文化生活，还促进了旅游业的发展，为城市经济增长注入了新的动力。

此外，该项目还注重生态可持续发展。通过智慧化手段对公园内的环境进行实时监测和管理,有效保护了公园的生态环境和生物多样性。例如,智慧灌溉系统可以根据土壤湿度和植物需求自动调节灌溉量,减少水资源浪费;智慧垃圾分类系统可以引导游客正确分类垃圾,促进资源的循环利用。这些措施不仅提升了公园的生态环境质量,还增强了市民的环保意识和责任感,为城市的可持续发展做出了积极贡献。

6.3.3 案例三:智慧广阳岛生态修复项目

项目名称: 智慧广阳岛生态修复项目

项目责任单位: 重庆广阳岛绿色发展有限责任公司

项目实施情况: 项目通过建设智慧生态应用、智慧建造应用、智慧管理系统等多个方面内容,以及充分利用三维激光扫描、高清遥感影像、多光谱采集、物联网、大数据、人工智能等技术,实现对重庆市广阳岛生态要素的全方位、全时段监测和管理。

项目获奖情况: 2023年中国人居环境范例奖。

1) 项目背景

智慧广阳岛生态修复项目是打造"长江风景眼、重庆生态岛",开展长江经济带绿色发展示范,探索"绿水青山就是金山银山"实践创新的重点项目之一。项目立足"智慧生态化、生态智慧化",创新提出智慧生态"双基因融合、双螺旋发展"理论,搭建生态信息模型体系,融合建设长江模拟器、广阳岛野外科学观测站,为广阳岛的生态治理智慧赋能。

项目力求以广联达生态信息模型(EIM)数字孪生平台为依托,通过深化顶层设计,共建以5G、物联网、云数据中心、AI平台等为核心的新型基础设施,形成智慧广阳岛智能化硬件基础。项目希望能够通过融合云计算、大数据、物联网、BIM、3D GIS、AI、5G等一系列新兴信息技术,为岛上的规划、建设、管理全过程进行"智慧"赋能。

2) 应用内容

智慧广阳岛项目在技术标准规范体系支撑下,构建一个涵盖"EIM时空中台＋EIM物联中台＋EIM大数据中台"的EIM数字孪生平台,建设涵盖智慧展示中心、监测评价、指挥调度于一体的智慧管理中心,最终建成整体运行、集约共享、协同联动、资源汇聚、安全可控的智慧广阳岛生态体系,如图 6-4 所示。

图 6-4　智慧广阳岛生态信息模型 EIM 体系

具体应用内容如下。

(1) 智慧生态应用:通过三维激光扫描、高清遥感影像、多光谱等采集技术,实现山、水、林、田、湖、草等生态要素全结构化、参数化,建立广阳岛生态数字化本底档案库。在档案库建设的基础上实时感知水体、土壤、空气、生物多样性等生态要素运行参数,动态形成 6 大生态健康综合指数,18 项生态健康评价指标。结合指标要求,以生态中医新思维,创建科学的生态治理新模式,形成智慧预防、智慧诊断、智慧模拟、智慧养护 4 大管理系统,并实时推送健康状态,科学预判未来生态趋势。

(2) 智慧建造应用:应用 BIM 技术实现虚拟化、可视化设计,真实推演建筑未来场景,通过全景漫游、方案比选、日照分析、视域分析等功能,规划设计方案科学评估、比选和优化。基于 EIM 孪生平台,对全岛建设项目的进度、质量、安全、人员等进行实时监管,形成 5 级影像＋2 类记录,实现生态修复工程全过程、全要素、全参建方的信息记录。基于建设交付的 BIM 信息模型,集成建筑安防、能耗、消防等设备设施,实时监测建筑运行状态。

(3) 智慧管理应用:基于 EIM 孪生平台,对运维人员、事件、设备设施等管理对象和要素进行数字化建档,充分运用人工智能、GIS、物联网等信息技术,构建智慧办公、智慧运维、智慧安防和智慧交通 4 大应用系统,实现全岛人、事、物的集中管理、远程调度、数据决策和协同联动,打造"细胞级、多方联动的精细化管理"新模式。

(4)智慧风景应用:智慧风景服务系统通过手机 App,搭建上岛预约、智慧导览、生态科普、安全服务、沟通分享、游戏互动等全过程的智慧化线上服务体系,为游客提供住、业、游、购、乐全过程体验,打造"风景与科普融合,线上线下一体化"的智慧服务新模式。同时通过物联网、智能终端、人工智能等技术,集成游客信息、人脸识别、安全报警、服务设施等数据服务功能,对游客上岛全过程进行安全智慧的管理与服务。

3) 案例亮点

基于广阳岛智慧生态实践,创新性地提出生态信息模型(EIM)的概念,研究智慧生态"双基因融合、双螺旋发展"理论,建立生态信息模型体系支撑开展智慧生态建设的新范式,形成了包括基础平台、标准规范、指标体系和应用服务等各方面综合的智慧生态应用支撑体系,为各地更好地开展生态规划、治理和服务,智慧促进减污、降碳、丰物提供技术支撑。

强调建立以 EIM 为基础的数字孪生平台。在广阳岛生态建设的过程中,同步形成与之孪生的数字广阳岛,即广阳岛 EIM 生态信息模型,为岛上的规划、建设、管理全过程进行"智慧"赋能。强调"可感、可视、可知",充分利用遥感、物联网、5G 等智能化技术,对岛上"山水林田湖草动物"生态环境和生产生活环境进行全方位的自动化感知;利用可视化的模拟仿真,真实展现广阳岛生态修复与治理的过程和成效;利用专家知识模型,充分理解广阳岛生态建设进程,实现生态发展的量化和优化。

4) 社会效益

(1)建设数字孪生生态岛,促进生态科学规划:建立集地上、地面、地下全域全要素的高精度、高仿真数字孪生模型,形成与实体生态城市同步孪生的数字生态岛,形成广阳岛数字化空间底座,为生态模拟推演、生态方案比选打下基础。基于数字孪生生态信息模型,通过生态规划系统,基于集成基础地理空间、生态规划及交通、市政等专项规划数据的规划数据库,形成规划一张图,辅助进行三维方案审查分析决策,形成智慧规划应用服务闭环,促进规划为绿色发展建设服务。

（2）建设智慧生态管理体系，推动生态高效治理：建设以生态指标体系、生态算法引擎、生态知识工厂为核心的智慧生态管理体系。通过物联网实时获取水、土、气、生等生态运行数据，融和生态本底数据、生态指标体系、专家诊疗算法、生态知识工厂，建设生态健康建档、在线望闻、智能问切、精准开方和智能养护等系统，以生态中医院新思维，实现生态健康全面感知、生态问题专家诊疗、生态运维高效智能、生态价值精准计量的闭环管理。通过智能设施的实施应用，实现对全岛人、事、物的实时监控、智能识别、集中管理、科学决策和远程调度，搭建全岛安全防护网络，实时监测、智能识别和动态评估，打造安全韧性的广阳岛。

（3）构建智慧生态指标体系，支持生态动态评估：通过物联网终端实时获取水、土、气、生等生态运行数据，融和生态本底数据、生态指标体系、专家诊疗算法、生态知识工厂，建设生态健康建档、在线望闻、智能问切、精准开方和智能养护等系统，以生态中医院新思维，实现生态健康全面感知、生态问题专家诊疗、生态运维高效智能、生态价值精准计量的闭环管理。依托生态指标体系，实时汇集生态运营、建筑运维、生态设施运行数据，动态计算生态环境健康、生态管理效能、生态功能指数，实现广阳岛生态健康动态评价，生态环境问题进行快速诊断、追根溯源，智能分析等。

（4）建设生态智慧服务系统，实现生态优质服务：建设以智慧服务和观光体验为核心的智慧风景体系。为游客提供打造"风景与科普融合，线上线下一体化"的智慧风景新模式，全面提升游客上岛生态体验。通过生态智慧服务系统，为公众提供"生态与科普融合，线上线下一体化"的智慧生态体验新模式，全面提升公众的生态体验，为民众带来智慧化的生态体验的同时，实现生态文明成果模式可复制、理念可传播、价值可转化。

通过智慧广阳岛建设分阶段逐步完善，在全面提升广阳岛生态建设、管理和服务水平的同时，将形成广阳岛山、水、林、田、湖、草生命共同体的全面感知、分析诊断、追根溯源、系统治理的智慧生态体系，催生智慧生态新产业，丰富两山转化实践路径。并在广阳湾、重庆市、长江流域乃至全国进行复制、推广和应用。

6.4 基于数字孪生的城市街心广场建设

基于数字孪生的城市街心广场建设,是当前智慧城市发展中的重要探索,它深度融合了物联网、大数据、云计算及人工智能等前沿技术,为城市公共空间的管理与服务带来了革命性的变化。

首先,数字孪生技术通过高精度传感器和实时数据采集系统,对城市街心广场的每一个细节进行全方位、全天候的监测。这些数据包括但不限于人流量、车流量、环境质量(如空气质量、噪声水平)、公共设施使用状况等,为后续的数字化建模与仿真提供了坚实的基础。

接着,利用 BIM 和 GIS 等技术,将采集到的数据转化为三维数字化的虚拟模型,即城市街心广场的数字孪生体。这个虚拟模型不仅高度还原了实体广场的外观与内部结构,还具备了动态交互和实时更新的能力,能够随着实体广场的变化而自动调整。

在数字孪生体的基础上,管理者可以进行多种场景的模拟与预测,如人流疏导、应急响应、活动策划等。通过模拟不同方案的效果,管理者可以更加科学地制定决策,优化资源配置,提高管理效率。同时,数字孪生体还能够实时反映广场的运行状态,一旦发现异常情况,即可立即触发预警机制,为快速响应和有效处置提供有力支持。

6.4.1 案例一：南京白下高新·紫云数字孪生智慧广场

项目名称:南京白下高新·紫云数字孪生智慧广场

项目责任单位:腾讯云计算(北京)有限责任公司

项目实施情况:通过智慧化新基建及物联网、大数据、人工智能及数字孪生相关技术,实现了园区的全面数字化管理和智慧化服务。构建全要素数字孪生互联的园区综合体,实现了物联网智慧综合体"一图全面感知、一体运行联动、一屏智享生活"的目标。

项目获奖情况:2021 年度智慧城市先锋榜优秀应用案例二等奖,2022年度城市数字孪生优秀案例。

1) 项目背景

南京市在《南京市数字经济发展三年行动计划》中重点关注建设数字孪生城市,强调以数据资源开放释放"数字红利",着力推动城市发展向智能化高级形态迈进,力求率先建设"全国数字孪生第一城"。

白下高新·紫云智慧广场位于南京市主城秦淮区,是白下高新区的重要组成部分,也是南部新城的先期启动区和核心区。作为秦淮区的支柱科技载体,白下高新·紫云智慧广场通过物联网、大数据、人工智能及数字孪生相关技术实现智慧化新基建,打造数实融合、信息智能、绿色低碳的智慧环境,构建万物互联、统一管理、集中控制的智慧物联园区综合体,提升用户的入驻体验和智慧综合体的高效管理。

2) 应用内容

数字孪生技术在南京市白下高新·紫云数字孪生智慧广场项目中发挥了重要作用,从全要素数字孪生互联、智能感知与实时监测、智慧化运维与管理、节能减排与可持续发展以及提升用户体验与服务水平等多个方面推动了园区的智慧化建设。

(1) 全要素数字孪生互联:白下高新·紫云数字孪生智慧广场项目利用数字孪生技术,实时反映园区内科研办公、总部基地、配套商业、配套酒店等多个方面的物理状态,打造完整的园区虚拟空间平台,并通过数据驱动实现管理决策的协同化和智慧化。

(2) 智能感知与实时监测:项目为园区内电梯、空调、门禁、视频监控等设施设备加装传感器,与物联网平台连接,构建了园区智能感知网络。利用数字孪生技术将各类物联设备信息进行聚合、分析,全面掌握园区运行情况。这一网络能够实时监测园区内人、事、物的状态,为管理者提供实时数据支持。

(3) 智慧化运维与管理:数字孪生运营管理平台(如图 6-5 所示)整合了园区安防、消防、通信、信息发布、管网设备、能源监控、停车管理、会议管理等多个系统到统一平台,实现了物联设施从分散到统一的集中式管理。同时支持设备管理、节能管理、安全管理、告警管理、工单管理等功能,通过大数据分析、AI 算法等技术手段生成数据驱动的决策建议或决策指令。

图6-5　白下高新·紫云智慧广场可视化运营管理平台

（4）节能减排与可持续发展：数字孪生运营管理平台基于历史数据及相关设备的海量运行数据，建立数字孪生设备模型，通过重现真实设备的过去情况、展示当前状态及预测未来运行，为现实设备的控制、节能提供最佳策略，助力双碳战略的实施。

3）案例亮点

南京市白下高新·紫云数字孪生智慧广场项目在技术创新与融合、智慧化管理与服务、节能减排与可持续发展等方面均展现出显著亮点。这些亮点不仅推动了园区自身的智慧化建设，也为南京市乃至全国的数字经济发展树立了典范。

（1）技术创新与融合：项目充分利用物联网、大数据、人工智能及数字孪生等相关技术，构建了全要素数字孪生互联的园区综合体。通过数字孪生技术，实现了园区运行状态的实时化、可视化，推动后续在此基础上实现管理决策与服务的协同化、智慧化。

（2）智慧化管理与服务：项目构建了一站式产业链协作服务公共体系，为园区智慧化建设提供强有力的支撑。通过智慧化新基建及物联网平台，园区内各类信息的监控与管理，问题的发现与解决都实现了"一站式"，通过打造交互网的方式,实现园区内各系统的全联动,焕发园区智慧化全活力。

(3)节能减排与可持续发展:项目进一步关注到园区内可持续发展问题,通过能耗大数据平台及节能智控系统,对历史数据及相关设备的海量运行数据进行保存与管理、分析,在对过去和现在数据对比分析的基础上得出现实设备控制、节能的最佳策略。

4)社会效益

(1)用户体验与服务提升:项目提供了包括地图导航、智慧停车、访客预约、会议预定、电梯预约等在内的多项智慧化服务设施,增强园区内用户的日常工作生活便携度,提升用户体验。同时项目融入"建筑＋植物"的复合型空间设计理念,将后现代自然主义融入城市肌理,构建园区内特色绿色消费生态,同时基于绿色生态理念提供多样绿色节能服务,提升服务效能。

(2)产业集聚与经济发展:白下高新·紫云智慧广场发展新资源、新空间,激发网络零售、直播、数字商业、C2M 等新型消费,培育新一代数字经济、智能物联网等新产业,主动引进数家龙头企业总部基地项目,逐步形成人才、项目、产业集聚效应。不仅提升了周边商业框架,还助力秦淮商圈的发展。"紫云·琥珀里"等新型商业空间的诞生,进一步推动了区域经济的繁荣。

6.4.2 案例二:广州塔景区智能化管理平台

项目名称: 广州塔景区智能化管理平台

项目责任单位: 广州市海珠区政务服务数据管理局

项目实施情况: 该项目通过融合大数据、物联感知、AI 智能、数字孪生等前沿技术,实现了对广州塔景区内人、物、事的全面感知、智能分析和精准管理。

项目获奖情况: 广东数字政府创新应用大赛(2023)"创新应用奖"二等奖,2022 年度数治湾区—粤港澳大湾区数字治理优秀案例,中国信息通信研究院首届"鼎新杯"数字化转型应用奖项,2020—2022 年度广州市市域社会治理优秀创新项目。

1) 项目背景

广州塔作为广州市的标志性建筑,位于城市新中轴线与珠江景观轴交会处,每年吸引数千万人次游客。如此高密度的人流量对科学有效的景区服务管理提出了巨大挑战,需要同时管理人流、交通、秩序、安全等多个方面,确保游客的观光旅游休闲体验。为了解决这些挑战,提升景区管理水平,广州市海珠区政务服务数据管理局决定引入数字孪生技术,打造广州塔广场数字孪生项目。

根据国家"十四五"规划纲要指引,广东省也出台了《广东省数字政府省域治理"一网统管"三年行动计划》等相关政策文件,要求进一步深化数字政府改革建设,打造理念先进、管理科学、平战结合、全省一体的"一网统管"体系。这些政策文件的出台为广州塔景区数字孪生项目的建设提供了有力的政策支持和保障。

基于城市治理的迫切需求、技术发展趋势的推动以及国家政策的引导,广州塔景区智能化管理平台项目应运而生,旨在通过数字孪生技术提升广州塔景区的管理水平和服务质量,为游客提供更加优质、便捷的旅游体验。

2) 应用内容

数字孪生技术在广州塔广场项目中的应用涵盖了从基础底座建设到实时监测、智能分析、高效指挥调度以及管理效能提升等多个方面,为广州塔景区的智慧化管理提供了有力支持。

(1)打造高精度数字孪生底座:通过数字孪生技术,对广州塔景区及其周边区域包括地标建筑物(如广州塔、媒体港、海心桥等)和城市设施部件(如井盖、消防栓、灯杆等)进行全面1:1的3D数字还原,实现三维虚拟场景与城市现实要素的交互以及物理空间向数字空间进行全息投影,构建虚拟世界中的广州塔景区。

(2)实时监测与智能预警:通过深度整合人口位置数据,实时描绘片区内的客流动态与人群热力分布图,建立了人流承载预警机制,有效预防因人流过密而可能引发的安全问题,依托景区人流、客流、视频监控、道路交通实况、天气气象等实时监测数据,建立人流承载、交通拥堵、气象预警等预警机制。

（3）智能分析与管理支持：借助先进的视频智能分析技术，实现了对占道经营、乱摆卖、乱拉挂、躺卧凳椅等高频不文明行为的自动识别、预警与上报，利用数字技术细致分析年龄、性别、出行习惯等客流特征，构建大量客流画像，为片区公共服务空间与便民设施的规划布局提供了科学的指导。

（4）高效指挥调度：基于视频智能分析技术实现景区内全时智能事件识别、自动分析预警和事件的自动发现、自主上报。通过数字技术实时监控工作人员位置，事件上报后根据工作人员位置临近调动，提高工作效率。建立大人流分级处置预案，一旦客流超过阈值，自动启动相应的客流分流预案。

3）案例亮点

广州塔景区智能化管理平台搭载数字孪生底座的基础上实现管理效能与社会服务能力的提升，为广州塔景区的智慧化管理树立了新的标杆。

（1）高精度的数字孪生底座：项目通过数字孪生技术，实现了对广州塔景区及其周边区域进行了全面 1∶1 的 3D 数字还原，为景区管理提供了高度逼真的虚拟环境，减少数字赛博空间与现实空间偏差，提高平台精准度，有助于管理者更直观地了解景区状况。

（2）高准度的数字监控与分析：项目精准掌控景区内人群热力分布情况，包括游客与工作人员的精准识别，同时接入了景区视频监控、道路交通实况、天气气象等实时监测数据，利用数字识别进行视频监控分析，精准检测不文明行为或突发状况，建立包括人流承载、交通拥堵、气象预警等多种预警机制。

4）社会效益

广州塔景区数字孪生项目的实施，为城市治理和景区管理带来了显著的社会效益。

（1）实现高效危机应对，减少危机损失：项目通过对景区内监控视频的全时智能事件识别、自动分析预警和事件的自动发现、自主上报，联动周边视频监控和前线人员定位，实现了快速调度和就近处置，力求在最短时间内解决景区内问题。在人流高峰期随时借助应急疏导路线、警力分布、路障卡口等信息实现平战联动机制的快速转换，帮助景区高效应对各类突发状况，减少生命、财产等多方面安全隐患，在最大程度上降低游客损失。

（2）提升管理效能与社会服务能力，增强游客满意度：项目推动实地巡查转变为在平台上实时漫游巡查，提高了巡查效率和管理效能，通过线上平台交流，极大提高了管委会、景区物业服务人员、公安等管理力量的协同共治效率，减少了景区管理的人力投入，增强景区管理效能。依托智能化管理平台，景区通过预警避免突发危机，第一时间解决突发事件，提升管理效率、保障游客安全、优化景区服务、实现高效指挥调度，保障游客权益，在最大程度上增强游客满意度，提升城市整体形象。

第**7**章 —

数智时代智慧景观发展方向及未来展望

7.1 数字孪生智慧景观推进建议

1) 建立跨学科合作团队

数字孪生智慧景观涉及多个领域,包括城市规划、环境科学、地理信息系统、计算机科学等,因此需要建立一个跨学科的合作团队,以便更好地整合各种专业知识和技能。

在数字孪生智慧景观项目中,由于其复杂性,需要涵盖多个学科领域的知识和技能。城市规划、环境科学、地理信息系统和计算机科学只是其中的一部分。这些学科之间没有明显的界限,而是相互交织、相互依赖。因此,为了实现数字孪生智慧景观的有效推进,建立一个跨学科的合作团队是非常必要的。

跨学科合作团队能够整合不同学科的专业知识和技能,形成一个综合性的知识和技能体系。这个团队可以涵盖各个相关领域的专家,包括规划师、环境科学家、地理信息系统专家、计算机科学家等。他们可以共同开展研究、制定方案、解决问题,为数字孪生智慧景观提供全方位的支持。

通过跨学科合作,团队成员可以相互学习、交流和分享经验,促进知识的交叉融合和创新。这种合作方式可以打破传统的学科界限,促进学科之间的交叉和渗透,形成更加全面和深入的认识和理解。

此外,跨学科合作团队还可以提高项目的执行效率和质量。不同领域的专家可以在项目实施过程中相互协作,共同解决问题,减少重复和浪费,提高工作效率。同时，多学科的视角也可以增加项目的全面性和科学性，提高项目的质量。

综上所述，建立跨学科合作团队是推进数字孪生智慧景观的重要步骤。通过跨学科合作，可以更好地整合各种专业知识和技能，促进知识的交叉融合和创新，提高项目的执行效率和质量。因此，在数字孪生智慧景观项目中，应该积极倡导和推动跨学科合作，建立跨学科的合作团队，为项目的成功实施提供有力支持。

2) 选择合适的试点项目

在推广数字孪生智慧景观时，选择合适的试点项目至关重要。试点项目应该具有代表性，并能充分展示数字孪生智慧景观的优势和潜力。通过试点项目，可以积累实践经验，不断完善和优化数字孪生智慧景观的方案。

选择合适的试点项目在推广数字孪生智慧景观时非常关键。试点项目的目的是为了验证数字孪生智慧景观的可行性和有效性，同时展示其优势和潜力。一个好的试点项目应该具备以下几个特点。

代表性：试点项目应该能够代表某一类城市或地区的特点和需求。这样，项目的成功可以为类似情境下的推广提供借鉴和参考。代表性不仅体现在地理位置、环境条件、资源禀赋等方面，还涉及社会经济状况、文化背景等综合因素。

可复制性：试点项目应该具有可复制性，即其成功经验和方法可以被其他地区或项目所采用。这有助于加快数字孪生智慧景观的推广进程，并降低后续项目的风险和成本。

技术可行性：试点项目应该具备技术可行性，即现有的技术条件和资源能够支持项目的实施。这包括但不限于数据处理、模型构建、系统集成等方面的技术可行性。

社会接受度：试点项目应该考虑到当地社会的接受程度，包括公众认知、政策环境、利益相关者的态度等。社会接受度高的项目更容易获得支持，降低实施难度。

预期效益：试点项目应该能够产生明显的预期效益，如提高资源利用效率、改善环境质量、提升城市管理水平等。预期效益可以作为衡量项目成功的重要指标,并为后续推广提供动力。

通过选择合适的试点项目,可以积累实践经验,不断优化和完善数字孪生智慧景观的方案。试点项目的实施过程中,应该注重数据的收集和分析,评估项目的成效和不足之处。这些经验教训可以为后续的推广工作提供宝贵的参考,帮助改进和完善数字孪生智慧景观的方案设计和技术实施。

综上所述,选择合适的试点项目是推广数字孪生智慧景观的重要环节。通过充分考虑项目的代表性、可复制性、技术可行性、社会接受度和预期效益等因素,可以确保试点项目的成功实施并为后续的推广工作奠定坚实基础。

3) 加强数据共享和整合

数字孪生智慧景观依赖于大量的数据,因此需要加强数据共享和整合。政府、企业和社会各界应该共同努力,打破数据孤岛,建立统一的数据平台,实现数据的互通互享。

在数字孪生智慧景观中,数据是至关重要的基础。为了实现数字孪生智慧景观的各项功能和应用,需要收集、处理和分析大量的数据。这些数据来自于各种不同的来源,包括城市规划、环境监测、地理信息、社会经济等多个领域。因此,加强数据共享和整合是数字孪生智慧景观推进的关键。

加强数据共享和整合可以打破数据孤岛,实现数据的互通互享。在传统的数据管理模式下,不同部门、不同领域的数据往往各自为政,形成数据孤岛,无法充分发挥数据的价值。通过加强数据共享和整合,可以建立一个统一的数据平台,将不同来源的数据整合到一个平台上,实现数据的互通互享。这不仅可以提高数据的利用效率,还可以避免重复采集和处理数据的浪费。

加强数据共享和整合可以提高数据的质量和可靠性。通过整合多源数据,可以对数据进行交叉验证和相互补充,提高数据的质量和可靠性。不同来源的数据之间可以相互印证,发现并纠正错误数据,降低数据误差。此外,多源数据的整合还可以提供更加全面和深入的分析结果,为决策提供更加科学和可靠的支持。

　　加强数据共享和整合可以促进跨学科的合作和交流。数字孪生智慧景观涉及多个学科领域,需要跨学科的合作和交流。通过加强数据共享和整合,可以促进不同学科领域的专家之间的合作和交流,推动知识的交叉融合和创新。这种跨学科的合作和交流可以带来新的思路和方法,推动数字孪生智慧景观的发展和完善。

　　因而加强数据共享和整合对于数字孪生智慧景观的推进至关重要。通过打破数据孤岛,建立统一的数据平台,可以实现数据的互通互享,提高数据的利用效率和质量。同时,加强数据共享和整合还可以促进跨学科的合作和交流,推动数字孪生智慧景观的发展和完善。因此,政府、企业和社会各界应该共同努力,加强数据共享和整合,为数字孪生智慧景观的推进提供有力支持。

4) 提高公众参与度

　　数字孪生智慧景观的建设和运营需要得到公众的支持和参与。政府和相关机构应该加强宣传和推广,提高公众对数字孪生智慧景观的认识和认可度,鼓励公众积极参与数字孪生智慧景观的建设和运营。

　　在数字孪生智慧景观的建设和运营过程中,公众参与是一个不可或缺的环节。公众不仅是数字孪生智慧景观的受益者,也是数字孪生智慧景观的建设者和运营者。因此,提高公众参与度对于数字孪生智慧景观的推进至关重要。

　　提高公众参与度有助于增强数字孪生智慧景观的社会认可度和支持度。公众对数字孪生智慧景观的认识和认可度是数字孪生智慧景观建设和运营的重要基础。通过加强宣传和推广,让公众更好地了解数字孪生智慧景观的优点和应用价值,可以增强公众对数字孪生智慧景观的信任和支持。这有助于减少建设和运营过程中的阻力,降低实施难度。

　　提高公众参与度可以促进数字孪生智慧景观的创新和完善。公众作为数字孪生智慧景观的建设者和运营者,可以提供宝贵的意见和建议。通过广泛征求公众的意见和建议,可以发现数字孪生智慧景观存在的问题和不足之处,为改进和完善提供方向和思路。这有助于提高数字孪生智慧景观的创新能力和适应性,使其更好地满足社会和公众的需求。

提高公众参与度有助于实现数字孪生智慧景观的可持续发展。数字孪生智慧景观的建设和运营需要长期的投入和维护。通过提高公众参与度,可以形成政府、企业和公众共同参与的可持续发展机制。公众的参与可以为数字孪生智慧景观提供持续的关注和支持,促进其长期稳定的发展。

综上所述,提高公众参与度对于数字孪生智慧景观的推进至关重要。政府和相关机构应该加强宣传和推广,提高公众对数字孪生智慧景观的认识和认可度,鼓励公众积极参与数字孪生智慧景观的建设和运营。通过提高公众参与度,可以增强数字孪生智慧景观的社会认可度和支持度,促进其创新和完善,实现可持续发展。

5) 加强政策支持和资金保障

数字孪生智慧景观的建设需要得到政策和资金的支持。政府应该制定相应的政策,为数字孪生智慧景观的建设提供政策保障。同时,应该加大对数字孪生智慧景观的资金投入,为项目的顺利实施提供资金保障。

数字孪生智慧景观的建设是一个复杂而长期的过程,需要大量的资金和政策的支持。资金是项目实施的基础,而政策则为项目的推进提供了方向和保障。因此,加强政策支持和资金保障对于数字孪生智慧景观的推进至关重要。

首先,政府应该制定相应的政策,为数字孪生智慧景观的建设提供政策保障。政策应该包括对数字孪生智慧景观的规划和管理的指导,以及为其建设和运营提供的便利条件。例如,政府可以出台相关政策,鼓励企业和社会资本参与数字孪生智慧景观的建设,为其提供税收优惠、融资支持等政策红利。此外,政府还可以通过政策引导,促进数字孪生智慧景观的创新和发展,推动其在城市规划和环境管理中的广泛应用。

其次,政府应该加大对数字孪生智慧景观的资金投入,为项目的顺利实施提供资金保障。数字孪生智慧景观的建设需要大量的资金支持,包括基础设施建设、技术研发、数据采集和处理等方面的投入。政府可以通过设立专项资金、提供财政补贴、引导社会资本等方式,加大对数字孪生智慧景观的资金支持力度。此外,政府还可以与相关企业合作,共同投资数字孪生智慧景观的建设,实现互利共赢。

加强政策支持和资金保障可以促进数字孪生智慧景观的快速发展。有了政策的引导和资金的支持，数字孪生智慧景观的建设将更加顺利，其应用也将更加广泛。这将有助于提高城市规划和环境管理的效率和质量，推动城市的可持续发展。

综上所述，加强政策支持和资金保障对于数字孪生智慧景观的推进至关重要。政府应该制定相应的政策，为数字孪生智慧景观的建设提供政策保障，并加大对数字孪生智慧景观的资金投入，为项目的顺利实施提供资金保障。通过政策支持和资金保障的加强，可以促进数字孪生智慧景观的快速发展和应用，推动城市的可持续发展。

6) 注重技术研发和创新

数字孪生智慧景观涉及的技术不断更新和迭代，因此需要注重技术研发和创新。政府和企业应该加大对数字孪生智慧景观的研发力度，推动技术的创新和发展，以满足城市规划和环境管理的不断变化的需求。

数字孪生智慧景观作为一个技术密集型的领域，其涉及的技术在不断更新和迭代。为了满足不断变化的需求，政府和企业应该注重技术研发和创新，加大对数字孪生智慧景观的研发力度。

首先，技术研发是数字孪生智慧景观发展的关键。随着城市规划和环境管理需求的不断变化，新的技术和解决方案不断涌现。政府和企业应该积极跟踪和掌握这些新技术，加大投入进行技术研发，推动数字孪生智慧景观的技术创新和发展。通过技术研发，可以解决数字孪生智慧景观中遇到的技术难题，提高其应用效果和效率。

其次，技术创新是数字孪生智慧景观发展的动力。数字孪生智慧景观的应用涉及多个领域和学科，需要不同领域的专家进行合作和交流。通过技术创新，可以打破传统的学科界限，推动数字孪生智慧景观的跨学科合作和创新。技术创新还可以为数字孪生智慧景观的发展提供新的思路和方法，促进其不断完善和优化。

最后，注重技术研发和创新可以提升数字孪生智慧景观的核心竞争力。随着数字孪生智慧景观的广泛应用，竞争也日益激烈。只有通过不断的技术研发和创新，才能保持数字孪生智慧景观的核心竞争力，满足不断变化的市场需求。同时,技术研发和创新还可以促进数字孪生智慧景观产业的升级和发展,推动经济的增长和社会进步。

综上所述,注重技术研发和创新对于数字孪生智慧景观的发展至关重要。政府和企业应该加大对数字孪生智慧景观的研发力度,推动技术创新和发展,以满足城市规划和环境管理的不断变化的需求。通过技术研发和创新,可以提升数字孪生智慧景观的核心竞争力,促进其可持续发展。

7) 建立完善的评价体系

为了确保数字孪生智慧景观的实施效果,需要建立完善的评价体系。评价体系应该包括具体的指标和评估方法,以便对数字孪生智慧景观的应用效果进行科学的评估和持续的改进。

数字孪生智慧景观的实施效果对于城市规划和环境管理具有重要意义。为了确保实施效果,建立完善的评价体系至关重要。评价体系不仅有助于对数字孪生智慧景观的应用效果进行科学评估,还能为其持续改进提供指导和依据。

首先,确定评价指标是建立评价体系的基础。评价指标应具体、可量化,并能全面反映数字孪生智慧景观的应用效果。例如,可以考虑的评价指标包括资源利用效率、环境质量改善、城市管理效率等。针对不同的指标,可以制定相应的评估标准和方法,以确保评价的准确性和客观性。

其次,数据采集和分析是评价体系的重要环节。数字孪生智慧景观涉及大量的数据,包括传感器数据、地理信息数据、社会经济数据等。通过合理的数据采集和整理,可以对数字孪生智慧景观的应用效果进行科学评估。数据分析方法包括统计分析、机器学习、模式识别等,可以帮助揭示数字孪生智慧景观的实际效果和潜在问题。

此外,建立反馈机制也是评价体系的重要组成部分。反馈机制可以帮助及时了解数字孪生智慧景观的应用效果,发现存在的问题和不足之处。通过定期评估和反馈,可以及时调整和优化数字孪生智慧景观的方案和实施策略,促进其持续改进和发展。

最后,评价体系应具有开放性和动态性。随着技术的不断更新和市场需求的变化,评价体系也应随之调整和完善。通过与相关领域专家的合作和交流,可以不断完善和优化评价体系,提高其科学性和实用性。

综上所述,建立完善的评价体系对于确保数字孪生智慧景观的实施效果至关重要。通过确定评价指标、数据采集和分析、建立反馈机制以及保持评价体系的开放性和动态性,可以实现对数字孪生智慧景观的科学评估和持续改进。这将有助于提高城市规划和环境管理的效率和质量,推动城市的可持续发展。

总之,推进数字孪生智慧景观需要多方面的努力和协作,包括跨学科的合作团队、合适的试点项目、数据共享和整合、公众参与度、政策支持和资金保障、技术研发和创新以及完善的评价体系等。通过这些努力,数字孪生智慧景观有望成为未来城市规划和环境管理的重要工具。

7.2 智慧景观规划设计发展方向(近期)

智慧景观规划设计在近期的发展方向主要集中在以下几个方面。

1) 数字化技术整合

智慧景观规划设计越来越注重数字技术的整合,包括物联网、人工智能、大数据等。这些技术的应用可以帮助实现景观元素的实时监测、数据分析,从而优化景观的管理、维护和可持续发展。

在近期的发展中,智慧景观规划设计将更加注重数字化技术的整合,以实现更加高效、智能的管理和维护。数字化技术将为景观规划设计提供更多的可能性,使得景观更加适应环境和人类的需求。

物联网技术的应用将进一步加强。通过在景观元素中嵌入传感器和设备,可以实现实时监测和数据收集。这些数据可以用于分析景观的性能、使用情况、环境变化等,从而为景观的优化和管理提供科学依据。例如,通过监测植物的生长情况、土壤湿度、光照等参数,可以及时调整灌溉和照明系统,保证植物的健康生长。

人工智能技术在智慧景观规划设计中也将发挥越来越重要的作用。AI技术可以帮助分析大量的数据,识别模式和趋势,为景观规划提供智能化的建议和方案。例如,AI可以根据历史数据预测人流分布和行为模式,为景观设计提供参考;还可以通过机器学习算法不断优化管理策略,提高景观的可持续性和自适应性。

大数据技术将为智慧景观规划设计提供强大的支持。通过收集和分析大量的数据,可以深入了解景观的性能和用户需求,发现潜在的问题和机会。大数据技术还可以帮助实现数据的可视化,使得决策者能够更加直观地了解数据背后的信息和趋势。

除了数字化技术整合之外,智慧景观规划设计还将注重人性化、生态化和智能化的发展方向。人性化设计将更加关注人的需求和体验,创造更加舒适、便捷的景观环境;生态化设计将更加注重保护自然环境和生态系统,实现景观的可持续发展;智能化设计将通过数字化技术和智能化设备提高景观的管理和维护效率,降低运营成本。

2) 智慧互动体验

智慧景观设计不再仅仅是为了美观,更注重提供丰富的互动体验。结合增强现实和虚拟现实等技术,创造更具参与感和创意性的景观设计,使人们能够更深度地融入和感知周围环境。

随着科技的发展和人们需求的多样化,智慧景观规划设计在近期的发展方向中,除了注重数字化技术的整合外,还将更加注重提供智慧互动体验。这种互动体验旨在通过技术手段增强人与景观的互动,使人们能够更深入地融入和感知周围环境,提升景观的趣味性和参与感。

结合增强现实和虚拟现实等技术,智慧景观设计将创造出更具创意性和参与感的体验方式。通过 AR 技术,人们可以在景观现场通过手机或特殊设备看到虚拟信息和图像,增强景观的互动性和感知深度。而 VR 技术则可以让人们身临其境地体验虚拟的景观环境,提供沉浸式的感官享受。这些技术可以帮助打破传统景观设计的静态模式,使景观变得更加生动和有趣。

智慧互动体验将注重人性化设计,以满足不同人群的需求和喜好。通过智能传感器和数据分析,景观将能够感知人的行为和需求,并作出相应的反馈和调整。例如,智能座椅可以根据人的需求自动调整角度和位置,智能照明可以根据天气和时间自动调节亮度和色温。这些人性化的设计将使景观更加贴心、舒适和便捷。

此外,智慧互动体验还将注重生态环保和社会参与。通过采用环保材料和技术,景观将能够降低能耗、减少污染,实现可持续发展。同时,景观将鼓励社会参与和公共互动,成为人们交流、学习和娱乐的场所。通过设置公共艺术装置、举办文化活动等方式,景观将激发人们的创造力,促进社区的凝聚力和活力。

3) 可持续性与生态保护

近期的智慧景观设计趋向于更加注重可持续性和生态保护。通过智能化的水资源管理、节能照明系统、绿色建筑等手段,实现景观对环境的积极贡献,减少对自然资源的消耗。

随着环境问题日益严重,可持续性和生态保护已成为全球关注的焦点。在这一背景下,智慧景观规划设计在近期的发展方向中,将更加注重可持续性与生态保护。

首先,智能化水资源管理将成为智慧景观设计的重要方面。通过安装智能水表、使用节水灌溉系统、实施雨水收集和利用等技术,景观设计将更加注重水资源的节约和循环利用。这将有助于减少水资源的浪费,降低对自然水体的压力,从而保护生态环境。

其次,节能照明系统将在智慧景观设计中得到广泛应用。LED等节能灯具的发展为景观照明提供了更多选择。通过合理规划照明布局、采用智能控制和调光系统,景观照明不仅能够满足人们的使用需求,还能有效降低能源消耗,减少对环境的负面影响。

绿色建筑和可再生能源的利用也是智慧景观设计在可持续性方面的重点。绿色建筑采用环保材料和设计,旨在降低能耗、减少污染,为人们提供健康、舒适的生活环境。可再生能源如太阳能、风能等的利用将进一步减少景观对传统能源的依赖,从而降低碳排放,保护环境。

此外,生态保护和修复也是智慧景观设计的关注点。通过恢复湿地、种植本地植物、保护生物多样性等措施,景观设计将有助于改善生态环境,提高生态系统的稳定性和抵抗力。同时,景观设计还将更加注重生态走廊和绿地的连通性,为动植物提供良好的栖息地和迁移通道。

4) 社区参与和共享

智慧景观的设计趋势之一是加强社区的参与和共享。通过数字平台，居民可以参与景观规划决策，提出建议，并享受到智慧景观带来的公共服务，如数字化座椅、共享绿地等。

随着城市化进程的加速和社区意识的增强，智慧景观规划设计在近期的发展方向中，将更加注重社区参与和共享。这一趋势旨在将景观设计作为连接社区居民的纽带，促进居民的参与和互动，提升社区的凝聚力和活力。

通过数字平台，社区居民可以更加便捷地参与到景观规划的决策过程中。数字平台可以提供在线问卷、投票、讨论等功能，使居民能够表达自己的意见和建议。景观设计师可以整合这些反馈，与居民共同制定规划方案，使景观更加符合社区的需求和愿景。

社区参与和共享的另一个体现是公共设施的智能化和共享化。数字化座椅、共享绿地等设施可以为居民提供便捷、舒适的服务。数字化座椅可以通过智能传感器监测使用情况，为居民提供实时的信息反馈；共享绿地可以通过预约系统实现绿地的合理使用，提高绿地的利用效率。这些设施不仅方便了居民的生活，还有助于增强社区的互动和共享。

此外，社区参与和共享还可以通过合作设计和共建项目来实现。居民可以参与到景观设计的具体环节中，共同参与创意和实施过程。这种合作方式可以激发居民的创造力和参与热情，促进社区内部的交流与合作。

5) 智能灯光与智慧城市融合

智慧景观设计逐渐与智慧城市的发展趋势相融合。智能灯光系统、城市艺术品与数字化元素的结合，为城市增添独特的夜景，并提升城市的文化氛围。

随着智慧城市概念的普及，智慧景观规划设计在近期的发展方向中，将更加注重与智慧城市的融合。这种融合将使景观设计成为智慧城市建设的重要组成部分，共同创造一个智能、高效、富有文化气息的城市环境。

智能灯光系统是智慧景观与智慧城市融合的一个重要方面。通过采用先进的照明技术和智能控制,智能灯光系统可以实现个性化的光线调节、动态效果和节能环保。这样的灯光系统不仅能够提供舒适的照明环境,还可以作为城市艺术品的一部分,为城市夜景增添独特的魅力。

此外,智慧景观设计还将注重与数字化元素的结合。数字化元素包括虚拟现实、增强现实、智能感知等新兴技术,这些技术可以与景观设计相结合,创造出富有创意和科技感的城市景观。例如,通过增强现实技术,人们可以在景观现场看到虚拟的信息和图像,增强景观的互动性和感知深度。

智慧景观设计还将注重提升城市的文化氛围。通过结合城市的历史、文化特色和现代科技,景观设计可以成为展示城市文化的重要载体。例如,在景观设计中融入城市历史元素、设置公共艺术装置、举办文化活动等,都可以提升城市的文化氛围和品质。

6) 应对气候变化

近期的智慧景观设计越来越注重对气候变化的应对。包括采用防洪设施、抗灾景观设计、适应性绿化等手段,以提高城市景观的韧性,减缓气候变化对城市环境的影响。

随着气候变化对全球环境和社会经济的影响日益严重,智慧景观规划设计在近期的发展方向中,将更加注重对气候变化的应对。这种应对旨在提高城市景观的韧性和适应性,减缓气候变化对城市环境的影响,为城市的可持续发展提供保障。

采用防洪设施是智慧景观应对气候变化的重要手段之一。随着极端气候事件的频发,洪水等自然灾害对城市安全构成了严重威胁。通过合理规划雨水排放系统、建设河岸植被缓冲带、设置雨水花园等措施,智慧景观设计可以有效地减轻城市内涝和洪水灾害的影响。

抗灾景观设计也是应对气候变化的重要方向。这种设计注重选用耐候、耐旱、耐涝的植物材料,提高植被的适应性和生命力。同时,通过优化地形设计、加强土壤稳固等措施,可以降低地质灾害的风险。此外,构建生态走廊和绿地网络有助于增强城市生态系统的连通性和稳定性,提高城市抵抗自然灾害的能力。

适应性绿化是智慧景观应对气候变化的另一重要手段。这种绿化方式注重种植本土植物、选择耐候性强的植物品种，并根据气候变化趋势进行适应性调整。例如，在气候变暖的情况下，适应性绿化可以选择耐热、耐旱的植物，以适应城市环境的变化。

7) 智慧交通与景观一体化设计

将智能交通技术与景观规划相结合，通过数字化智慧交通系统，实现城市道路和景观元素的协同设计。推动智慧交通与景观一体化设计，提高城市交通的智能性，创造更安全、高效、宜居的城市景观环境。

随着智能交通系统的快速发展，智慧景观规划设计在近期的发展方向中，将更加注重与智慧交通的结合。这种结合旨在实现城市道路和景观元素的协同设计，提高城市交通的智能性和安全性，创造更加宜居的城市环境。

智能交通技术为景观规划提供了新的机遇和挑战。通过将智能交通技术与景观设计相结合，可以实现城市道路与景观元素的完美融合。例如，智能交通信号灯的设计可以与周边的景观元素相协调，同时满足交通需求和景观美学。此外，数字化智慧交通系统可以通过实时监测和数据分析，优化交通流量和道路使用，提高城市交通的效率和安全性。

智慧交通与景观一体化设计还可以推动城市的可持续发展。智能交通系统可以减少拥堵、降低能耗和排放，从而减少对环境的负面影响。同时，景观设计可以通过采用环保材料和技术，实现资源的节约和循环利用，进一步降低能耗和对自然资源的消耗。这种一体化设计有助于创造更加绿色、生态的城市环境，促进城市的可持续发展。

8) 数字化景观艺术展示

利用数字孪生技术创建数字化景观艺术展示，通过 LED 屏幕、投影等手段，将城市景观与数字艺术有机结合。定期更新数字艺术内容，为城市居民提供新颖的艺术体验，丰富城市生活。

随着数字技术的不断发展和普及，数字化景观艺术展示成为了智慧景观规划设计在近期发展的一个重要方向。这种展示利用数字孪生技术，将城市景观与数字艺术有机结合，为城市居民提供新颖的艺术体验，丰富城市生活。

数字孪生技术是实现数字化景观艺术展示的关键。通过建立城市景观的数字模型,设计师可以精确地模拟和预测景观的各项参数和性能,为艺术创作提供更加广阔的空间和可能性。同时,数字孪生技术还可以实现实时数据采集和监控,为数字艺术展示提供更加精准和动态的展示效果。

数字化景观艺术展示的主要手段包括 LED 屏幕、投影等。这些技术可以将数字艺术内容与城市景观有机结合,创造出充满创意和科技感的艺术作品。通过定期更新数字艺术内容,城市居民可以不断获得新颖的艺术体验,丰富城市生活。

此外,数字化景观艺术展示还可以为城市形象和品牌建设提供支持。通过将城市的标志性景观与数字艺术相结合,可以打造独特的城市形象和品牌,吸引更多的游客和投资,促进城市经济的发展。

9) 智慧垃圾管理系统

结合数字孪生技术,建立智慧垃圾管理系统,实现垃圾桶的实时监测、垃圾分类提醒等功能。利用数字平台提高居民垃圾分类的意识,通过奖励机制鼓励居民积极参与环保行动。

随着城市垃圾问题的日益严重,智慧垃圾管理系统成为了智慧景观规划设计在近期发展的一个重要方向。结合数字孪生技术,这种系统可以实现垃圾桶的实时监测、垃圾分类提醒等功能,提高垃圾处理效率和资源回收率,促进城市的可持续发展。

智慧垃圾管理系统利用数字孪生技术,建立城市垃圾管理的数字模型。通过实时监测垃圾桶的状态和垃圾的重量、种类等信息,系统可以精确地掌握垃圾的产出和收集情况,为垃圾处理和资源回收提供科学的数据支持。同时,系统还可以根据垃圾的重量和种类,对居民进行垃圾分类提醒和环保宣传,提高居民的环保意识和垃圾分类的参与度。

数字平台是实现智慧垃圾管理的重要工具。通过建立垃圾管理的数字化平台,居民可以方便地了解垃圾分类的知识、查询垃圾桶的状态和垃圾处理的情况等信息。同时,平台还可以发布垃圾分类的奖励机制,鼓励居民积极参与环保行动,提高垃圾分类的参与度和效果。

智慧垃圾管理系统还有助于提高城市的环境质量。通过垃圾的合理分类和资源回收,可以减少对自然资源的消耗和环境的污染。同时,系统的智能化管理可以降低人工成本和提高工作效率,为城市的可持续发展提供保障。

10) 数字孪生生态旅游推广

利用数字孪生技术展示城市内的生态旅游资源,提供虚拟旅游体验,吸引更多游客。发展数字生态旅游应用,通过导游机器人、虚拟导览等方式,提升旅游体验,推动城市生态旅游的可持续发展。这些推进建议旨在将数字孪生技术与智慧景观相结合,为城市创造更具吸引力、可持续发展的生活环境。通过数字化手段,城市可以更科学、高效地规划、管理和展示自身的景观特色,提升居民的生活品质。

随着数字技术的快速发展,数字孪生生态旅游推广成为了智慧景观规划设计在近期发展的一个重要方向。通过数字孪生技术,城市可以更好地展示和推广自身的生态旅游资源,吸引更多游客,提升城市的知名度和经济收益。

数字孪生技术可以为城市生态旅游提供虚拟旅游体验。利用数字孪生技术,游客可以在线上体验城市的自然风光、历史文化和特色景观,为游客提供更加丰富和真实的旅游体验。这种虚拟旅游体验可以为游客提供更多的选择和便利,同时减少对实际旅游资源的过度依赖和破坏。

发展数字生态旅游应用是实现数字孪生生态旅游推广的关键。通过开发导游机器人、虚拟导览等应用,城市可以为游客提供更加智能、便捷的旅游服务。导游机器人可以提供个性化的导游服务,满足游客的不同需求;虚拟导览可以通过数字孪生技术,让游客更加深入地了解城市的历史文化和景观特色。这些应用不仅可以提升游客的旅游体验,还可以提高城市的管理效率和服务质量。

数字孪生生态旅游推广还可以推动城市生态旅游的可持续发展。通过科学规划和合理利用生态旅游资源,城市可以实现经济、社会和环境的协调发展。数字孪生技术的应用可以帮助城市更加精准地掌握生态旅游资源的状态和变化,为城市规划和管理提供更加科学和可靠的数据支持。

7.3 智慧景观规划设计未来展望(远期)

在远期,智慧景观规划设计将进一步融合先进的科技和可持续的发展理念,以打造更为智慧、人性化、环保的城市景观。以下是未来展望的一些方向。

1) 全面数字化与虚拟现实体验

智慧景观规划将实现全面数字化,建立更精准、细致的数字孪生城市模型。居民可以通过虚拟现实设备,如 AR 眼镜、虚拟头盔,体验未来景观规划效果,提前感知城市变化。

因为科技的快速发展,智慧景观规划设计的未来展望将更加依赖于数字化和虚拟现实技术。全面数字化将为景观规划提供更加精准、细致的数据支持,而虚拟现实体验则可以让居民提前感知城市变化,为景观规划提供更加科学和民主的决策依据。

全面数字化将成为智慧景观规划设计的核心。通过建立更精准、细致的数字孪生城市模型,设计师可以更加精确地模拟和预测景观的各项参数和性能。这种数字化技术不仅可以提高景观规划的科学性和准确性,还可以降低成本、缩短规划周期,为城市的可持续发展提供有力支持。

虚拟现实体验是智慧景观规划设计未来发展的重要方向之一。通过 AR 眼镜、虚拟头盔等虚拟现实设备,居民可以身临其境地体验未来景观规划效果,提前感知城市变化。这种体验方式不仅可以提高居民对景观规划的认知度和参与度,还可以为景观规划提供更加科学和民主的决策依据。居民可以通过虚拟现实体验对规划方案提出意见和建议,为景观规划提供更加多元和包容的视角。

未来,智慧景观规划设计将更加注重可持续发展和创新。数字化和虚拟现实技术将为景观规划提供更加广阔的空间和可能性,推动城市的绿色、智能、宜居发展。同时,景观规划也将更加注重创新和个性化,满足居民对美好生活的追求和期待。

所以,全面数字化与虚拟现实体验是智慧景观规划设计未来发展的重要方向。通过建立更精准、细致的数字孪生城市模型,利用虚拟现实设备提高居民的认知度和参与度,景观规划将更加科学、民主和可持续。随着科技的进步和创新的发展,智慧景观规划设计的未来展望将更加美好和充满希望。

2) 人工智能与数据驱动决策

利用 AI 分析大量城市数据,优化景观规划和设计。自动化的决策支持系统将帮助规划者更精准地制定城市发展战略,包括交通规划、绿化布局等。

在未来的智慧景观规划设计中,AI 和数据驱动决策将起到至关重要的作用。通过利用 AI 分析大量的城市数据,我们可以更好地理解城市运行的各种模式和趋势,从而优化景观规划和设计。

AI 在智慧景观规划设计中的应用,主要表现在以下几个方面:

数据挖掘与分析:AI 能够处理大量的城市数据,从中挖掘出有价值的信息。这些信息可以揭示城市发展的规律、居民的行为模式、环境变化的趋势等,为景观规划提供科学的决策依据。

优化设计方案:基于数据分析的结果,AI 可以帮助设计师自动生成或优化景观设计方案。例如,AI 可以根据交通流量、日照时间等因素,自动调整公园的布局或植被的配置。

模拟与预测:AI 可以模拟未来城市环境的变化,预测气候变化、人口增长等对景观规划的影响。这种预测能力可以帮助规划者提前制定应对策略,提高规划的预见性和可持续性。

自动化决策支持:AI 可以构建自动化的决策支持系统,帮助规划者快速做出决策。这些系统可以根据输入的数据,自动给出最优的交通规划、绿化布局等方案,大大提高规划的效率和准确性。

公众参与与反馈:AI 可以通过社交媒体、问卷调查等途径收集公众对景观规划的意见和建议,将这些信息整合并反馈给规划者,提高规划的民主性和社会接受度。

通过以上方式,AI 将在未来的智慧景观规划设计中发挥越来越重要的作用。它不仅可以提高规划的效率和科学性,还可以增强规划的民主性和可持续性,使城市发展更加符合人们的期望和需求。

3) 生态智能系统的全面应用

景观规划将更注重生态保护和可持续性。全面应用生态智能系统,通过数字孪生技术模拟生态系统的变化,优化城市生态结构,提高生态系统的稳定性。

在未来的智慧景观规划设计中,生态保护和可持续性将成为核心目标。为实现这一目标,生态智能系统的全面应用将起到关键作用。通过数字孪生技术,我们可以模拟生态系统的变化,优化城市生态结构,提高生态系统的稳定性。

生态智能系统在智慧景观规划设计中的应用,主要表现在以下几个方面:

生态系统模拟与预测:利用数字孪生技术,建立城市生态系统的数字模型。通过模拟不同情境下生态系统的变化趋势,规划者可以提前预见并采取措施,以避免或减轻对生态环境的负面影响。

优化城市生态结构:根据生态系统模拟的结果,规划者可以调整城市绿化布局、水系规划等,以提高城市生态系统的稳定性和可持续性。例如,合理配置不同类型的植被,以增强城市的"绿肺"功能。

生态监测与修复:通过部署传感器和实时监测系统,生态智能系统可以实时收集并分析生态数据,为生态修复和保护提供科学依据。例如,监测水体质量、空气质量等,以确保城市环境的健康。

促进生态教育:通过数字平台和虚拟现实技术,生态智能系统可以为居民提供丰富的生态知识和教育内容,提高公众的环保意识和参与度。

绿色技术与可持续材料的应用:在景观规划中,更多地采用绿色建筑材料、可再生能源技术等,以降低能耗、减少碳排放,推动城市的可持续发展。

通过这些方式,生态智能系统的全面应用将使智慧景观规划设计更加注重生态保护和可持续性。在未来的城市发展中,这将有助于构建一个绿色、宜居的环境,实现人与自然的和谐共生。

4) 智能感知和交互

引入更先进的感知技术,如物联网(IoT),使城市能够实时感知环境变化。智能景观将能够与居民互动,适应实时需求,创造更加个性化的城市景观。

在未来的智慧景观规划设计中,智能感知和交互将成为重要的发展方向。通过引入更先进的感知技术,如物联网(IoT),城市将能够实时感知环境变化,为居民提供更加智能化和个性化的服务。

智能感知技术在智慧景观规划设计中的应用,主要表现在以下几个方面:

实时环境监测:利用物联网技术,部署各种传感器和设备,实现对城市环境参数的实时监测。这包括空气质量、噪声水平、光照强度、温度和湿度等,为城市管理和规划提供科学依据。

智能安全监控:通过视频监控和 AI 技术,实现城市安全监控的智能化。系统可以自动识别异常行为、事故等,并及时发出警报,提高城市的安全性和应急响应能力。

智能停车系统:通过物联网技术,实现停车位的实时监测和信息共享。居民可以通过手机或其他终端设备,快速找到可用的停车位,提高停车的便利性和效率。

智能照明系统:利用物联网技术,实现对城市照明的智能化控制。根据时间和天气情况,系统可以自动调节路灯的亮度、色温等,提高照明效果和节能性。

智能灌溉系统:通过物联网传感器和自动化技术,实现城市绿地的智能灌溉。系统可以根据土壤湿度和植物需求,自动调节灌溉量和水质,提高灌溉效率和节约水资源。

智能交互在智慧景观规划设计中的应用,主要表现在以下几个方面:

互动式景观:利用感知技术和物联网设备,实现景观与居民的互动。例如,智能座椅可以根据人的坐姿和需求自动调整角度和舒适度;智能花坛可以通过感应人的接近程度来调节香气释放量。

个性化服务：通过感知和分析居民的行为和需求，智能景观可以提供更加个性化的服务。例如，智能公园可以根据人的活动轨迹和兴趣点提供个性化导览；智能喷泉可以根据天气和季节变化提供不同的水景效果。

AR 与 VR：通过 AR 和 VR 技术，居民可以通过手机、眼镜或头盔等设备，与景观进行互动和体验。例如，AR 导航可以帮助居民快速找到目的地；VR 游览可以让居民身临其境地感受城市的历史和文化。

社交互动：利用感知技术和社交媒体平台，实现景观与居民的社交互动。例如，通过设置互动式信息牌或触摸屏，居民可以分享自己的意见和建议；通过与其他居民或游客进行互动，增强城市的社区感和归属感。

适应性规划与管理：通过实时感知和分析城市环境、人流、交通等数据，智能景观可以帮助规划者更好地适应和管理城市发展。例如，根据人流数据调整公共空间布局；根据交通状况优化交通流线设计。

通过这些方式，智能感知和交互技术的应用将使智慧景观规划设计更加智能化、个性化和人性化。这将为居民创造更加便捷、舒适和有活力的城市环境，推动城市的可持续发展和社会进步。

5) 可再生能源与智慧能源网格

智慧景观规划将更加注重可再生能源的整合，设计建筑和景观元素以便更好地利用太阳能、风能等清洁能源。智慧能源网格将实现能源的高效分配，降低城市的碳足迹。

在未来的智慧景观规划设计中，可再生能源与智慧能源网格将成为重要的考虑因素。随着全球对可持续发展的关注度不断提高，利用可再生能源和实现能源的高效分配将成为城市发展的重要方向。

可再生能源在智慧景观规划设计中的应用，主要表现在以下几个方面：

太阳能利用：通过设计建筑和景观元素，更好地利用太阳能。例如，利用太阳能板为照明系统、灌溉系统等提供电力；在公共空间设置太阳能座椅、灯杆等设施，同时满足功能需求和能源需求。

风能利用：在适合的地形和区域，可以利用风能资源建设风力发电设施，为城市提供可再生能源。同时，可以考虑将风能设施与景观元素相结合,如风力雕塑、风能灯塔等。

生物质能利用:通过合理规划和管理城市绿化,利用植物废弃物等生物质资源生产生物质能。例如,建设生物质能发电厂,利用城市垃圾和废弃物进行能源回收。

水资源利用:合理利用城市水资源,通过雨水收集、净化、再利用等方式,实现水资源的可持续利用。这可以应用于景观水体维护、灌溉系统、公共卫生设施等方面。

智慧能源网格在智慧景观规划设计中的应用,主要表现在以下几个方面:

能源监测与管理:通过建立智慧能源网格,实现对城市能源使用的实时监测和管理。通过数据分析,可以发现能源使用的瓶颈和优化潜力,提高能源利用效率。

智能调度与分配:根据能源监测数据和需求预测,智慧能源网格可以实现能源的智能调度与分配。这有助于确保能源的稳定供应,并在需求高峰期实现能源的合理调配。

能源储存与备份:通过建立储能设施,智慧能源网格可以在能源需求低谷期储存能量,并在需求高峰期释放能量。这有助于平衡能源供需,提高能源系统的稳定性。

协同能源利用:通过整合各种可再生能源和传统能源,智慧能源网格可以实现不同能源之间的协同利用。例如,将太阳能、风能和生物质能等可再生能源与传统能源相结合,形成多元化的能源供应结构。

智能充电设施:在智慧景观规划中,可以考虑建设智能充电设施,以支持电动汽车和其他新能源交通工具的发展。通过智慧能源网格的智能调度和管理,可以提供便捷、高效的充电服务。

通过这些方式,可再生能源与智慧能源网格的应用将有助于降低城市的碳足迹,实现可持续发展目标。在未来的智慧景观规划设计中,将更加注重绿色、环保和可持续的能源解决方案,为创造宜居、健康、和谐的城市环境做出贡献。

6) 智慧社区与参与式规划

智慧景观将更强调社区的参与式规划。数字化平台将为居民提供更多参与城市规划的机会,通过在线投票、互动平台等方式,促进居民对城市景观的共同建设。

在未来的智慧景观规划设计中,智慧社区与参与式规划将成为重要的发展趋势。随着数字化技术的普及和人们对城市环境需求的多样化,社区居民的参与和合作将更加受到重视。

智慧社区在智慧景观规划设计中的应用,主要表现在以下几个方面:

数字化平台:建立数字化平台,为居民提供参与城市规划的机会。通过在线地图、社交媒体、移动应用等工具,居民可以随时了解城市规划的进展、提出意见和建议。

在线投票与调研:利用数字化平台进行在线投票和调研,收集居民对城市规划的意见和需求。这种方式可以快速获得大量数据,为规划者提供决策依据。

互动式规划:通过数字化平台,居民可以参与到城市规划的各个环节中。例如,共同设计公共空间、绿化布局等,使规划更加符合居民的需求和期望。

实时反馈与调整:数字化平台可以实时收集居民对城市环境的反馈,以便及时调整和优化规划方案。这有助于提高规划的针对性和有效性。

智能管理与服务:通过智慧社区的数字化平台,可以实现社区的智能化管理与服务。例如,智能门禁、智能停车、智能安防等,提高社区的安全性和便利性。

参与式规划在智慧景观规划设计中的应用,主要表现在以下几个方面:

开放式讨论与交流:通过建立开放式的讨论平台,鼓励居民参与到城市景观的规划中。居民可以提出自己的意见和建议,与其他居民和规划者进行交流和讨论。

志愿者行动:鼓励居民参与到城市景观建设的志愿者行动中。例如,共同种植树木、维护公共设施等,增强居民的归属感和责任感。

共建共享:通过居民的共同参与和合作,实现城市景观的共建共享。这有助于提高居民对城市的认同感和满意度。

教育与培训:为居民提供城市规划与设计的教育和培训机会。通过培训课程、工作坊等形式,提高居民对城市规划的认识和参与能力。

跨界合作与创新:鼓励不同领域和专业背景的人士参与到城市景观规划中,进行跨界合作与创新。这有助于激发新的创意和解决方案,推动城市的可持续发展。

通过这些方式,智慧社区与参与式规划的应用将促进居民对城市景观建设的共同参与和合作。这将有助于提高城市规划的民主性和科学性,使城市发展更加符合居民的需求和期望,推动城市的可持续发展和社会进步。

7) 智慧旅游与文化传承

智慧景观规划将进一步推动智慧旅游的发展,通过数字化技术展示城市的历史文化,传承城市的文脉。数字化文化平台将丰富城市的文化体验,推动文化传承与创新。

在未来的智慧景观规划设计中,智慧旅游与文化传承将成为重要的发展方向。随着全球旅游业的发展和人们对文化体验的需求增加,利用数字化技术展示和传承城市的历史文化将具有重要意义。

智慧旅游在智慧景观规划设计中的应用,主要表现在以下几个方面:

智能导览系统:通过建立智能导览系统,为游客提供个性化的旅游导览服务。利用 GPS、AR、VR 等技术,导览系统可以实时提供景点介绍、历史背景、文化传说等信息,增强游客的旅游体验。

数字化展示与传播:利用数字化技术展示城市的历史文化和特色。例如,通过交互式地图、虚拟现实、增强现实等技术,让游客深入了解城市的历史、文化、风俗等。

智慧景区管理:通过数字化技术实现景区的智能化管理。例如,利用物联网技术实时监测景区的环境质量、人流情况等,及时进行调度和控制,确保游客的安全和舒适。

智慧酒店与住宿预订:为游客提供智能化的酒店预订和住宿服务。通过数字化平台,游客可以方便地预订酒店、查询房型和价格等信息,提高旅游的便利性。

数据分析与优化:通过收集和分析游客数据,了解游客的需求和行为特征,优化旅游资源和服务的配置。这有助于提高旅游的效益和游客满意度。

文化传承在智慧景观规划设计中的应用,主要表现在以下几个方面:

数字化记录与保存:利用数字化技术记录和保存城市的历史文化信息。通过拍摄、录音、文字记录等方式,将城市的历史、传统、风俗等资料进行数字化保存,以便后人了解和传承。

文化活动与节庆:在智慧景观规划中,可以考虑设置文化活动和节庆场所。例如,设立文化广场、博物馆、艺术中心等,举办各种文化活动和节庆活动,展示城市的文化特色和传统。

文化教育:通过数字化平台和文化教育机构,开展城市历史文化和传统教育。例如,开设线上课程、讲座和培训班等,提高居民对城市文化的认识和认同感。

文化创新与融合:在保护传统文化的同时,鼓励文化创新与融合。通过与现代科技、艺术等领域的合作,推动城市文化的与时俱进和创新发展。

社区参与与合作:鼓励居民参与到城市文化的传承和创新中。通过与社区合作,开展各种文化活动、志愿者行动等,增强居民对城市文化的认同感和归属感。

通过这些方式,智慧旅游与文化传承的应用将促进城市历史文化的传承和发展,丰富城市的文化体验和文化产品。这有助于提高城市的吸引力和竞争力,推动城市的可持续发展和社会进步。

8) 智慧农业与城市农业景观

在城市规划中加强智慧农业的整合,通过数字技术实现城市农业景观的可持续发展。屋顶花园、垂直农场等将成为城市景观的一部分,促进城市农业和生态系统的协同发展。

在未来的智慧景观规划设计中,智慧农业与城市农业景观将成为重要的发展方向。随着城市化的加速和人们对健康食品的需求增加,城市农业的发展将越来越受到重视。

智慧农业在智慧景观规划设计中的应用,主要表现在以下几个方面:

数字化监测与管理:利用物联网、传感器等技术,实现城市农业的数字化监测与管理。通过实时监测土壤湿度、光照、温度等参数,为农作物提供最佳的生长条件,提高产量和品质。

智能灌溉与节水:根据土壤湿度、气候等因素,实现智能灌溉和节水管理。通过精准控制水量和灌溉时间,提高水资源的利用效率,减少浪费。

自动化种植与收割:利用自动化设备和技术,实现农作物的种植和收割自动化。这可以提高生产效率,减轻劳动强度,并减少人为因素对农作物的影响。

生态友好型农业:注重生态保护和可持续发展,推广生态友好型的农业技术和模式。例如,采用有机肥料替代化学肥料,减少农药使用,保护生态环境。

农业教育与科普:通过数字化平台和线下活动,开展农业教育和科普活动。提高居民对农业的认识和兴趣,促进城市居民与农业的互动和融合。

城市农业景观在智慧景观规划设计中的应用,主要表现在以下几个方面:

屋顶花园与垂直农场:将屋顶花园和垂直农场等城市农业形式融入城市景观规划中。这不仅可以增加城市绿化,改善城市环境,还可以为城市居民提供新鲜、健康的农产品。

多功能绿地:在城市绿地中融入农业种植元素,建设多功能绿地。例如,在公园、广场等公共空间设置农作物种植区、灌溉系统等,实现景观、生态和农业的有机结合。

农业休闲与观光:将城市农业与休闲观光相结合,开发农业休闲旅游项目。例如,设立农场体验、采摘活动、农业观光等,丰富城市居民的休闲生活,促进城市经济发展。

生态廊道与绿道:利用城市中的自然和人工廊道,构建生态廊道和绿道网络。这些廊道可以作为城市农业和生态系统的连接纽带,促进城市生态系统的连通性和完整性。

城市农业教育与科普：结合城市农业景观，开展农业教育和科普活动。通过展示农作物种植、农业技术等，提高居民对农业的认识和兴趣，促进城市居民与农业的互动和融合。

通过这些方式，智慧农业与城市农业景观的应用将促进城市农业的可持续发展和生态系统的协同发展。这将有助于提高城市的生态环境质量、食品安全水平和居民的生活质量，推动城市的可持续发展和社会进步。

参考文献

艾瑞咨询.虚实相生.中国数字孪生城市行业研究报告[R].2023.

鲍巧玲,杨滔,黄奇晴,等.数字孪生城市导向下的智慧规建管规则体系构建——以雄安新区规划建设 BIM 管理平台为例[J].城市发展研究,2021,28(08):50－55＋106.

北京市城市管理委员会研究室.基于网格化管理基础上的北京城市运行"一网统管"研究[J].城市管理与科技,2021,22(06):38－42.

蔡文文,冯振华,周芹,等.面向数字化城市设计的三维 GIS 关键技术[J].地理信息世界,2019,26(03):122－127.

陈根.数字孪生[M].北京:电子工业出版社,2020.

陈忠.空间与城市哲学研究[M].上海:上海社会科学院出版社,2017.

仇保兴,陈蒙.数字孪生城市及其应用[J].城市发展研究,2022,29(11):1－9.

段汉明.城市设计概论(第二版)[M].北京:科学出版社,2020.

高艳丽,陈才.数字孪生城市:虚实融合开启智慧之门[M].北京:人民邮电出版社,2019.

顾建祥,杨必胜,董震,等.面向数字孪生城市的智能化全息测绘[J].测绘通报,2020,12(06):134－140.

郭夏臣,王甫银,张可心.数字孪生技术在智慧城市建设中的应用[J].智能建筑与智慧城市,2024,12(05):30－32.

贺彪,郭仁忠,张琛,等.面向数字孪生城市的自然场景构造方法[J].测绘通报,2022,12(07):87－92.

黄璜.数字政府:政策、特征与概念[J].治理研究,2020,36(03):6－15＋2.

黄艳,任骁军,李安强,等.数字孪生三峡建设总体框架及应用效益[J].中国水利,2023,12(19):17－22＋9.

姜建华,曾毅,陈志辉,等.基于 BIM 与数字孪生技术的城市数字化转型探索[J].工业建筑,2023,53(S1):789-791.

焦永利,史晨.从数字化城市管理到智慧化城市治理:城市治理范式变革的中国路径研究[J].福建论坛(人文社会科学版),2020,9(11):37-48.

居伊·德波.景观社会[M].王昭风,译.南京:南京大学出版社,2006.

李林,程承旗,任伏虎.北斗网格码:数字孪生城市 CIM 时空网格框架[J].信息通信技术与政策,2021,9(11):1-5.

李欣,刘秀,万欣欣.数字孪生应用及安全发展综述[J].系统仿真学报,2019,31(03):385-392.

刘晓艳,林珲,张宏.虚拟城市建设原理与方法[M].北京:科学出版社,2003.

刘占省,史国梁,孙佳佳.数字孪生技术及其在智能建造中的应用[J].工业建筑,2021,51(03):184-192.

全国信标委智慧城市标准工作组.城市数字孪生标准化白皮书(2022版)[R].2022.

全国信标委智慧城市标准工作组.城市数字孪生优秀案例集(2022版)[R].2022.

世界经济论坛,中国信息通信研究院.数字孪生城市:框架与全球实践洞察报告[R].2022.

陶飞,刘蔚然,张萌,等.数字孪生五维模型及十大领域应用[J].计算机集成制造系统,2019,25(01):1-18.

田力男,孙琦,徐文坤,等.城市空间立体单元在 CIM 建设中的探索实践[J].测绘通报,2023,(09):160-164.

王庆,葛晓永,徐照,等.数字孪生城市建设理论与实践[M].南京:东南大学出版社,2020.

向玉琼,谢新水.数字孪生城市治理:变革、困境与对策[J].电子政务,2021,5(10):69-80.

徐辉.基于"数字孪生"的智慧城市发展建设思路[J].人民论坛·学术前沿,2020,4(08):94-99.

张新长,李少英,周启鸣,等.建设数字孪生城市的逻辑与创新思考[J].测绘科学,2021,46(03):147-152+168.

张新长,廖曦,阮永俭.智慧城市建设中的数字孪生与元宇宙探讨[J].测绘通报,2023,4(01):1-7+13.

中国信息通信研究院,中国互联网协会,中国通信标准化协会.数字孪生城市白皮书(2022年)[R].2022.

中国信息通信研究院,中国互联网协会,中国通信标准化协会.数字孪生城市白皮书(2023 年)[R].2023.

中国信息通信研究院.数字孪生城市产业图谱研究报告[R].2023.

中国信息通信研究院.数字孪生城市研究报告[R].2018.

中国信息通信研究院.数字孪生城市研究报告[R].2019.

中国信息通信研究院.数字孪生城市优秀案例汇编(2021 年)[R].2021.

周瑜,刘春成.雄安新区建设数字孪生城市的逻辑与创新[J].城市发展研究,2018, 25(10):60 – 67.

Bolton A, Enzer M, Schooling J, et al. The Gemini Principles: guiding values for the national digital twin and information management framework [R]. 2018.

Dembski F. Urban digital twins for smart cities and citizens: The case study of Herrenbera, Germany. Sustainability, 2020(12):51 – 58.

El Saddik A.. Digital Twins: The Convergence of Multimedia Technologies. IEEE Multi Media, 2018(25):1 – 12.

Grieves M, Vickers J. Digital Twin: Mitigating Unpredictable, Undesirable Emergent Behavior in Complex Systems [M]. New York: Springer, 2017.